U0038795

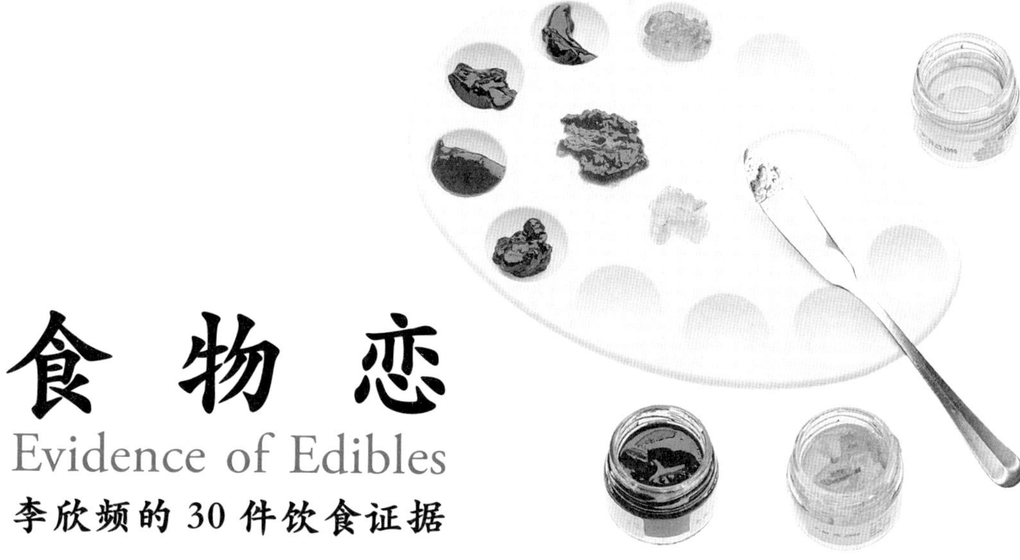

食物恋

Evidence of Edibles

李欣频的30件饮食证据

李欣频　著

002—003

推荐序
感官的火花

叶怡兰
（台湾知名美食家）

对于欣频，毫无疑问地，我总是用一种不停惊叹着的眼光，凝视着她的一举一动。

深深惊叹的是，欣频那渴望看尽世界、体验一切的欲望、勇气、决心与实践力。举个例来说好了。动笔写这篇序前几天，欣频跟我说："正在赶看台北金马影展呢！"她说，一天至少六部片，从早上看到深夜，比专业影评人还勤快，"宁可错杀一百，也不错漏一部！"欣频说。

而她的旅行，我觉得，也一样充满了这种卯足了劲全力赶场的味道。还记得，约七月末的时候，她写 mail 来，告诉我八月到十月间的一长串博物馆造访计划：从东京开始，然后奥地利、荷兰、德国，东欧，接下来是西班牙和北欧以及纽约，九月有可能去埃及，十月去中东其他国家……

八月末，欣频从欧洲回来，她说因为机票拿不到，所以日本没去成，还得找

时间再去，中东则是已经开始安排了。再问她要不要替我们去一趟香港写点东西，她却也还是大喜过望立刻答应，商量细节的空当，更兴致勃勃地聊起印度的修行之旅，直说无论如何一定要想法子去一趟……“哎啊，应该要一直在外头跑，一刻也不要停下来才是。”欣频这么感叹着。

令我完全瞠目结舌。同时深深羡慕着。

然这中间，我真正感兴趣的是，欣频在这不停不停观看、不停不停体验，且不停不停化为图片、化为文字的同时，在字里行间影像间所清楚显现的敏锐的洞察力与因之而相对衍生的、独树一帜的思考角度和见地。

这让我感觉到莫大的可能性。所以，决定用力怂恿欣频一步跨到美食这边来，试试看，在这生活中最基本、却也是重要享乐之一的领域里，会迸发出什么令人眼睛一亮的火花。

也因为这尝试是全新的，所以，我们做了许多不同的、在美食书写、在个人专栏形式，甚至在媒体上都是较少见的呈现。

比方欣频的文字，将个人生活里私密的情绪、记忆、片段点滴，经由食物做媒介，深刻而鲜活地表现出来，并因而产生许多极隽永且意象独特的譬喻，常常令人为之绝倒。我想，其实是开创了另一种看待美食、看待吃的崭新眼界吧！

而这样原本以网页形式呈现的作品，现在，即将要在平面的书页上，重新被改头换面印刷出来了！这一次，总是让我惊奇的欣频，又将给我一个什么样的画面呢？我非常期待。

创作和做菜一样，
要动用触觉、味觉、嗅觉、听觉、视觉，
感受每一份材料在手中用心拿捏，
在脑中烹调，
在纸上做出一桌完整的料理。

创作和做菜不同的是，
饮食总是因习惯而依循旧口味，
但创作可以越来越大胆，
实验而且各式各样。

我希望你们都能以最开放的味蕾，
品尝前所未有的食物飨宴。

影像创作者的料理宣言

梅国瑾

和欣频合作只能用好事多磨来形容，不过却是件开心的事。
从朋友介绍认识到这次的合作，中间大概有一年吧，
对欣频的印象也从很难搞的人，到现在觉得她其实是简单又随性，
只不过，她对事情要做到好的程度，可是认真得很。

初看欣频的文字稿就在想，她的脑子装了些什么，怎么想得出这么多的怪东西，
也许是电影看得很凶，也许是旅行得太多，或者她根本就是满脑子胡思乱想。

倒是很佩服欣频在文字中表现出的观察力，
许多片段是看了就有画面出现在眼前。
这也是在很短的几次开会后，拍摄草图就定案的原因。

之后的工作就有趣了，尤其在拍零嘴的时候，可真是边拍边吃，
我想我大概很久不会再想吃零食了……

最后要再次谢谢欣频给我的这次机会，还有昭文在美术设计上的辛劳，
还有那位介绍欣频给我认识的朋友，这大概是他对我做过最好的事了。

这本《食物恋》，是我以私密的饮食经验完成的图文创作。我除了得自己找制作材料、初步构思、书写文字外，还要与美术及摄影师没日没夜地沟通……到后来我已经不是一个作家，反而比较像一个导演，一个专制且患有强迫症、把所有的工作人员和演员同时搞疯的那种。

起因是《明日报》美食旅游版的主编叶怡兰，她看了我的前一本著作《情欲料理》后，误以为我是善于料理的美食高手，所以邀我写美食版的专栏。我不会做菜，也不是口味很刁的美食主义者，如果有一天你看到我在超市煞有介事地选购食物，我只不过是在挑哪一家的调理包比较好吃，哪一个品牌的罐头比较好配白面条（我不会用电饭锅煮饭）。

我什么都吃，极度好养。不同于常人的是，我只是对餐桌上的菜单、食器、与父母吃大餐完的海鲜壳骨、餐厅里有油烟的厨房、书店里的食谱、超市的完美陈设、出现食物及料理过程的电影特别感兴趣而已。所以，这一年来，我拎着掏空后还有味道的罐头，黏着碎屑的零食包装袋，从冰箱里撕出来的保存期限塑料膜，用过有咬痕的筷子，转弯处留有残肉的蟹、虾、蚌壳……给子钦和国瑾。我就像电影《艾格妮拣风景》（The Gleaners And I）片中的拾荒者，不停地在捡垃圾制造自以为是的艺术。

至于《食物恋》这个书名，是我在1996年为台北诚品敦南店楼层命名时就有的想法。我觉得人与食物间的爱恋，也是类食物链的连锁依恋关系：不得不吃，所以三餐借着各式各样的食物和进餐仪式，聊慰自己不饱的肉体和一直饥饿的灵魂，持续活着。

这是我 21 世纪的第一本书。为了它，之前写过好几个版本的自序，也因为出书时间一再延宕而重写再重写。《食物恋》你们可以当文案看、当食谱看、当情书看、当日记看，或是换个角度当精神病患者的创作看，当潜意识、超意识的电影看都行。我也不知道这本《食物恋》，会不会让顾名思义的书店员放在食谱区，被想真正煮一顿可以温饱的家庭主妇“过目不忘”。

感谢叶怡兰的灵感；感谢黄子钦的厨艺；感谢梅国瑾的火候；感谢昭文把宴客排场处理得无懈可击；感谢赖良珠为初版所做的一切努力；感谢云云让这本书在繁体版初版多年后，于13年后的今天再次端上来与大家见面；感谢我的父母长期无悔地喂养我至今；感谢我的胃口无言地容忍高胆固醇及饮食不正常的脾气；感谢旧世纪历经繁琐与重做多次的折磨已尽；感谢新世纪以及这本《食物恋》的到来。

敬祝你们，用餐愉快！

Evidence of Edibles

目录

PART 2　我及我的口腹之欲　040

PART 3　情人的不在场证明　072

身处在爱情速食与信息快速消化的时代，

我们需要更多的饮食证据，

细嚼慢咽地反刍存在的意义。

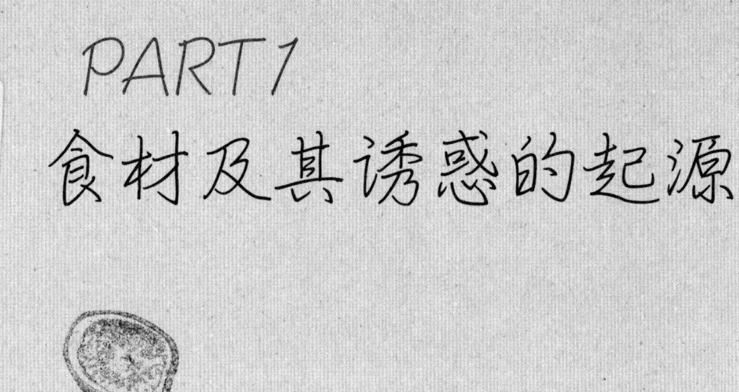

PART1 食材及其诱惑的起源

料理的性感技法

我比较期待：
一个会烤苹果派的艺术家，
一个会煲意大利蔬菜浓汤的建筑师，
或一个刚刚动完手术，就卷起袖子
帮我调橄榄油拌油醋沙拉的外科医生。

图/黄子钦

“男人煮饭极为性感……我们无法抗拒懂得烹饪的男人……看着他清洗、调味、烹煮虾子，就想象他在情欲爱抚时，会是多么耐心而灵巧……”——伊莎贝拉·阿言德《春膳》

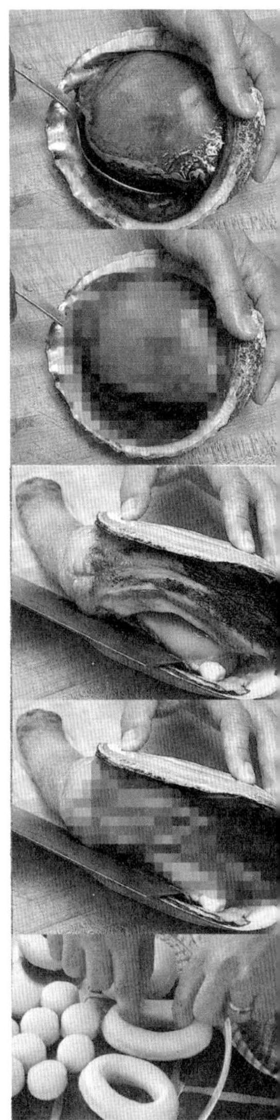

我很爱看食谱，
也迷恋像电影《厨师、大盗、他的太太和她的情人》，
把清理过的食材：血红的菲力与青翠的花菜，
整齐围放在 MENU 旁，等待蹂躏的情欲排场。

我也喜欢《芭比的盛宴》禁欲已久的女大厨，
在一次烹调中完全解放：用祷告的手折鹌鹑的脖子、
用赞美上帝的嘴来品尝红酒……
这几幕生动料理大餐的过程，
会让你看得情欲贲张，汗水淋漓，
直到料理上桌的那一刹那为止。

更向往《当男人看上男人》里，
身材、脸蛋与手都迷人的男厨，在有古典音乐的钢铁厨房里，
把美食料理得让诱惑者都闻到犯罪的气息；
让有洁癖的富商，
想要动用最大的钱与权，
将男厨皈依在他的味觉之下，
服从他的喜好，
并在他的美食游戏规则中
欲生欲死。

仔细端详食谱里，一张张被分解成慢动作的照片，
手与生鲜柔软的食材间，
缠、捏、挤、打、揉、弄、调、剥的特写，

没有什么比男人下厨这件事，更容易点燃女人的情欲。

各个都有发展情欲情节的想象空间。
我更爱看日本电视冠军的厨艺竞赛，
每个很厌抑的师傅，从选材到料理，
手、脑、眼、鼻，触碰食物的专心过程，
温柔与粗暴并用，
克制眼前鲜活的诱惑、自己饥饿的食欲，
始终不能饱足，顶多只能浅尝味道……
我从爱情小说里已经找不到创意，
但我总能在手与食物间，找到料理情人的新方法。
不过，我倒不想有个尽忠职守的厨师情人，
他可能会每天待在厨房里，
油烟多了，感官就麻痹，
久了，会对食物和女人失去性趣。
我比较期待：
一个会烤苹果派的前卫艺术家，
一个会煲意大利蔬菜浓汤的建筑师，
或一个刚动完手术，
就卷起袖子帮我调橄榄油拌油醋沙拉的外科医生。
首先，我愿意全程陪他们采买食材，
看他们论斤计两、挑肉选鱼、讨价还价，
然后看着他们料理——
看着这些用专业工作以外，多分泌出来的性感，
自信地评估食谱里“少许”“几滴”“一撮”
“数个”“两小匙”“三大匙”……的计量，
不疾不徐、不赶进度地调节火候，
优雅得气定神闲。

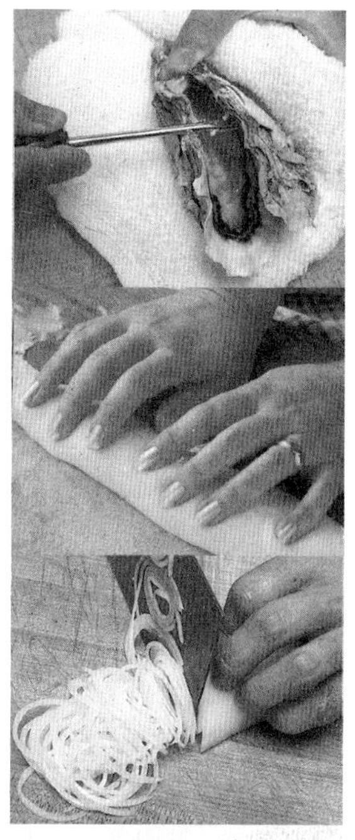

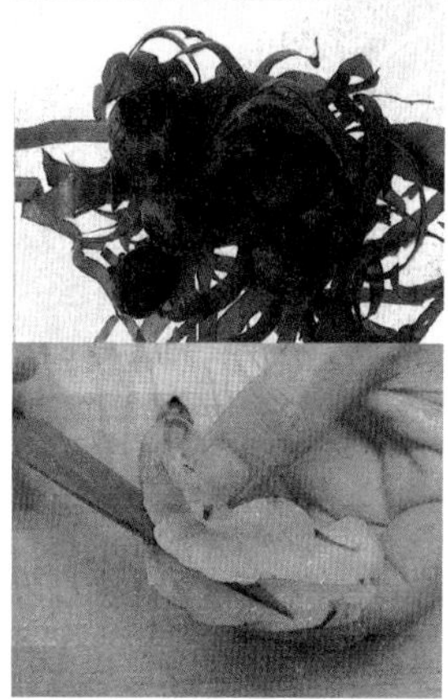

图/黄子钦

没有什么比男人下厨这件事，
更容易点燃女人的情欲，
让她们比靠近厨房炉火，
更燥热、更坐立难安。

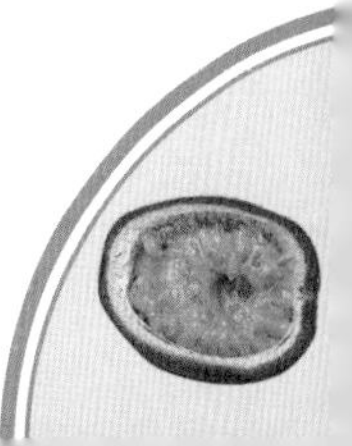

女巫厨房里的神秘菜圃

女巫调制飞行灵药的芹菜，
给鳏寡孤独者兴奋的胡椒……

女巫专用的神秘厨房，
如果你闻香而来，
一定有事。

海地巫毒教眼中最有生殖力的九层塔、重振中年士气的薄荷、治疗冷感的芥末……有魔力的食材齐备，只要临时起意，就可以随地采取。

图／梅国瑾

我需要的香菜、葱、蒜、姜……
全都种在厨房里了。

Repeat 著巴哈音乐的明亮厨房，
这些安静仍有生息的草本植物，
让火爆惯了的油烟空间，有氧地沉静了下来。

一张全透明的塑料挂布，
一格格可以看它们生根发芽的培养袋，
一整墙绿意盎然的平面菜圃，
空气、水和忽晴忽阴的丰富时光，
让它们长成一幅生动的活壁画。

我还打算照伊莎贝拉·阿言德的《春膳》中所提，
赤足济贫修女院开列，
有催情嫌疑的香草与香料禁用黑名单，
在这里解禁、种植，
尽情发芽：

海地巫毒教眼中最有生殖力的九层塔、重振中年士气的薄荷、治疗冷感的芥末……有魔力的食材齐备，只要临时起意，就可以随地采取。

图／黄子钦

女巫调制飞行灵药的芹菜、
给鳏寡孤独者兴奋的胡椒、
生食必用、掀起炽热的姜、
麻痹人理智的丁香、
挑逗欲望的大茴香子、
海地巫毒教眼中最有生殖力的九层塔、
重振中年士气的薄荷、
治疗冷感的芥末、
烹煮海鲜蚌类最艳美、
亚历山大大帝浸泡用的调情番红花……
有魔力的食材齐备，
只要临时起意，就可以随地采取。

这是女巫专用的神秘料理处，
如果你闻香而来，
一定有事。

这些香料都有邪恶的灵魂，
在厨房里待久了，
请不走的欲望，
会让你及你的情人，
纵欲魂迷、不堪设想。

满足占有欲的可食容器

不管是蛋塔、Pizza、霜淇淋，
里面承载的料再丰盛，
对我而言都是前菜。
我图的是底下容器状的烤饼。

北京烤鸭的烤饼、希腊烤鸡的袋饼、百货公司的可丽饼……都是我虎视眈眈、酗皮的对象。

图／梅国瑾、黄子钦

买霜淇淋的目的不是为了消暑，
而是为了手握螺旋网状的烤卷筒。

叫 Pizza 是嘴馋“手拍薄脆、边缘有点焦硬”的烤皮。

戒不掉酥软多层的外皮，至今仍对蛋塔上瘾。

当然还有北京烤鸭的烤饼、希腊烤鸡的袋饼、百货公司的可丽饼……
都是我虎视眈眈、酗皮的对象。

每逢家里要包润饼，菜料还没上桌，
我就不自禁地拿起一叠未撕开的润饼皮开始嚼起来。

不管是蛋塔、Pizza、霜淇淋，
里面承载的料再丰盛，对我而言都是前菜，
我图的都是底下的烤饼容器。

为了怕烤饼冷了或融了，我得尽速吃完，
狼吞虎咽厨师用尽心思的精华地带，
把倒吃甘蔗的幸福皮饼，留到最后慢慢咀嚼，
这份口齿留香的主食，足以维持一餐饭的饱足感。

北京烤鸭的烤饼、希腊烤鸡的袋饼、百货公司的可丽饼……都是我虎视眈眈、酗皮的对象。

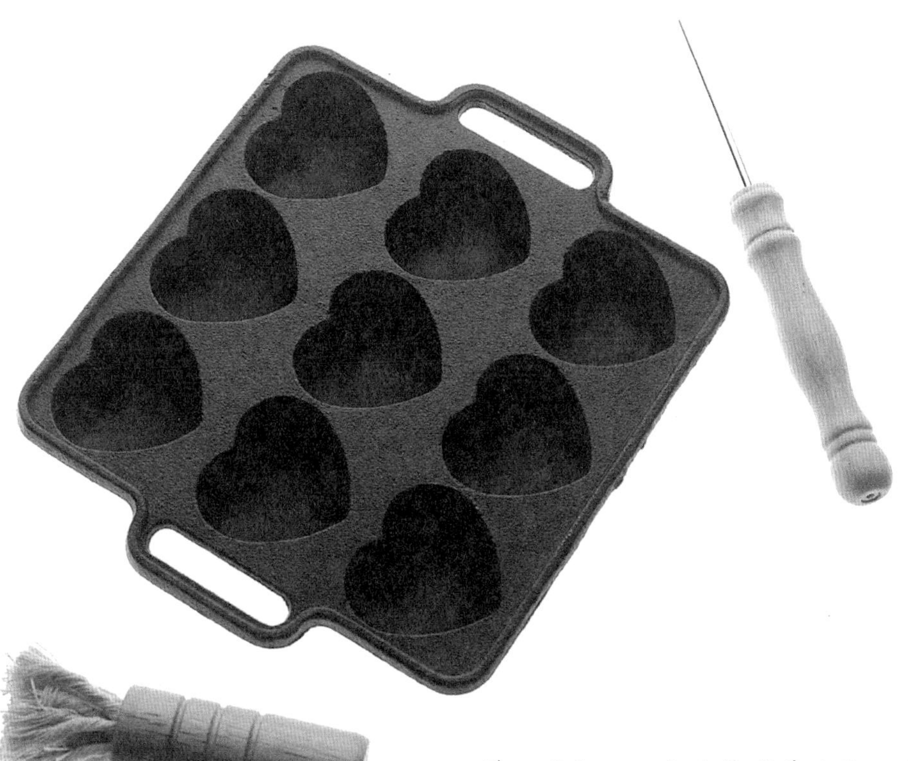

图／梅国瑾、黄子钦

面饼、烤皮……这些装满美味的可食容器，
比起那些没创意、
勾龙镶凤的塑胶碗盘，
不仅实用、好看、环保、卫生而且美味。
我可以享受徒手把容器吃到精光，
完全不留痕迹的占有欲，
至少我不必交还我吃过的狼藉的杯盘，
保有一点儿优雅的姿态离席。

海的遗物 · 鲜味极短篇

被人离间的骨肉，
新鲜时价。
痛，还在鱼刺里记忆着。
吃成结构完美的遗骸，
除了给猫，
还多了美学考古的价值。

失去肉身柔软，动感的结构仍完美，像是一个风流的女巫，就算香消玉殒还是可以放浪形骸。

图／黄子钦

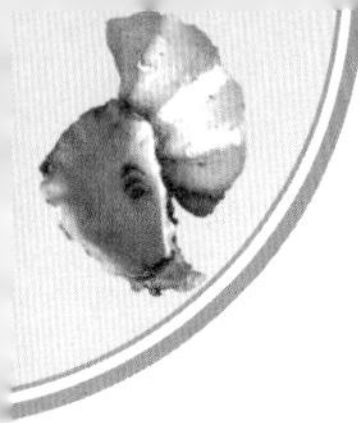

美味是早夭的原罪，
肉身卸甲之后，无防备地让蒜泥调情调味，
下酒，
并且消化。
在人体里留下胆固醇的伏笔，
以在对方无可抵御的老年，温柔地报复。

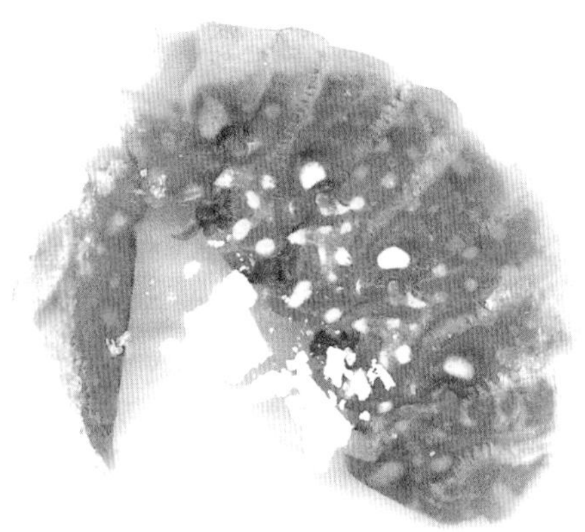

失去肉身柔软，
动感的结构仍完美，
像是一个风流的女巫，
留个一鳞半爪，
就算香消玉殒还是可以放浪形骸。

失去肉身柔软，动感的结构仍完美，像是一个风流的女巫，就算香消玉殒还是可以放浪形骸。

被人离间的骨肉，
新鲜时价。
痛，还在鱼刺里记忆着。
吃完结构完美的遗骸，
除了给猫，
还多了美学考古的价值。

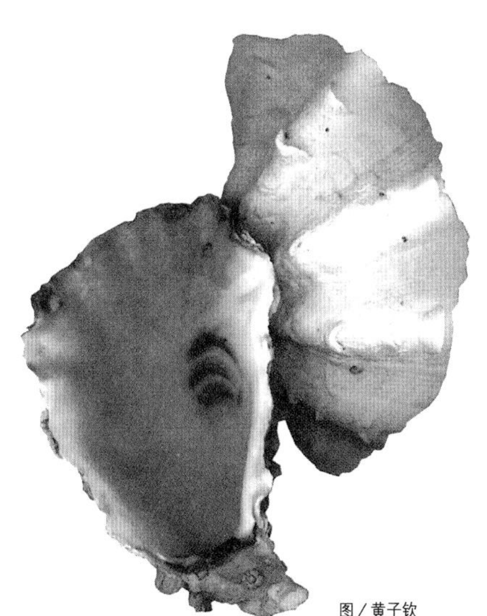

有海王子记忆的女孩，
把贝壳洗净后，
放在洗手台上承载香皂；
患有浪声幻听症的她，
待在浴室里久久不出来，
洗手洗成了圣洁的强迫症。

图／黄子钦

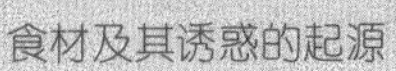

034-035

失去肉身柔软，动感的结构仍完美，像是一个风流的女巫，就算香消玉殒还是可以放浪形骸。

生于潮汐，死于烽火，
磨难而美的壳，像是宝石切面，
相似却独一无二，
象征着你们的秩序很美。

图／黄子钦

在啤酒屋里，一盘百个满足人吸吮的原欲。
酒酣耳热，
结局总像是不负责任的乱世，同辣椒香料开口闭口成堆，
像五音不全的合唱团，
等着一群抢着义气付账及意外的消费，大捞一笔。

心机很深，
诱惑带汁的肉已被吸吮光，
留下带腥的白色废墟一具。

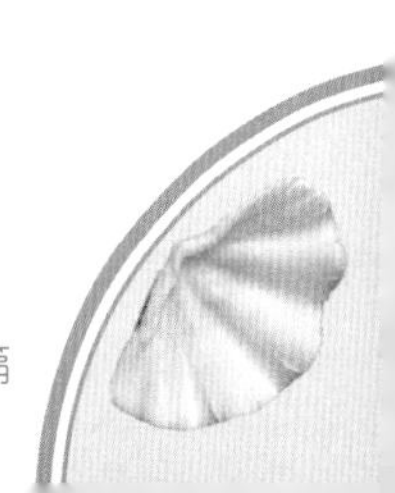

保存期限
美味的生死簿

从 24 小时到无尽的赏味期限，这些标签在我们的厨房里，
摆成了食物长长短短的墓志铭。
生时不可考，卒于制造日期，后会有期的新鲜约定，
请遵守它们最后的生理时间，逾期则有害健康。

一堆冷藏到寒尽不知年的东西，过期了都还舍不得丢。

EXP.07/04/200
EXP.16/09/200
05/06/2003/
EXP.05/02/202

WONG COCO
WONG COCO
22/11/2002/
EXP.26/05/2003
EXP.23/09/2003
EXF.1508/2001

图／梅国瑾、黄子钦

图／梅国瑾、黄子钦

太子油饭	本产品系当日制造，为确保新鲜与原味，请于制造当日食用，谢谢。
日式新Q感吐司	室温28℃以下，保存3又1/2天。
养乐多	非脂肪乳固形物3%～8%，要冷藏7℃以下，保存期限10日。
每日C葡萄汁	需冷藏10℃～4℃，保存期限14天。
火锅专用豆皮	250g±5%，保存期限3个月。
冷冻羊肉炉包	600g，保证不含防腐剂，−18℃以下呈固态状，期限180天。
枸杞参药包	避免阳光照射，保存期限约6个月。
酸黄瓜酱	成分：食用淀粉、己二烯酸钾（防腐剂）等，有效期限：8个月。
筒仔米糕	160g，−18℃保存270天（2月26日制造，11月26日有效）。
鳕鱼切片	400g，−18℃保存365天。
安佳鲜奶油	8月27日制造，冷冻储藏期18个月，2月26日前最佳。
咖喱鸡丁调理包	常温保存，避免刺破摔碎，保存期限两年。
梅酒	酒精浓度14%vol，保存期限：无限期。

一堆冷藏到寒尽不知年的东西，过期了都还舍不得丢。

时辰一到就腐败，比青春还快。
每一道可供贩卖的美味，
都有一段人工预谋的时间宣告，
像泄漏天机的经文，像末日的阅历，
像是死后，幽灵在剧院安可演出的精华片断，
离奇，但还是要卖钱的。

一堆冷藏到寒尽不知年的东西，到期了都还舍不得丢掉，
把冰箱摆成万年食物标本室，零下18度让时间停止终老，
仍在努力保鲜中，以求奇迹复生。

PART 2

我及我的口腹之欲

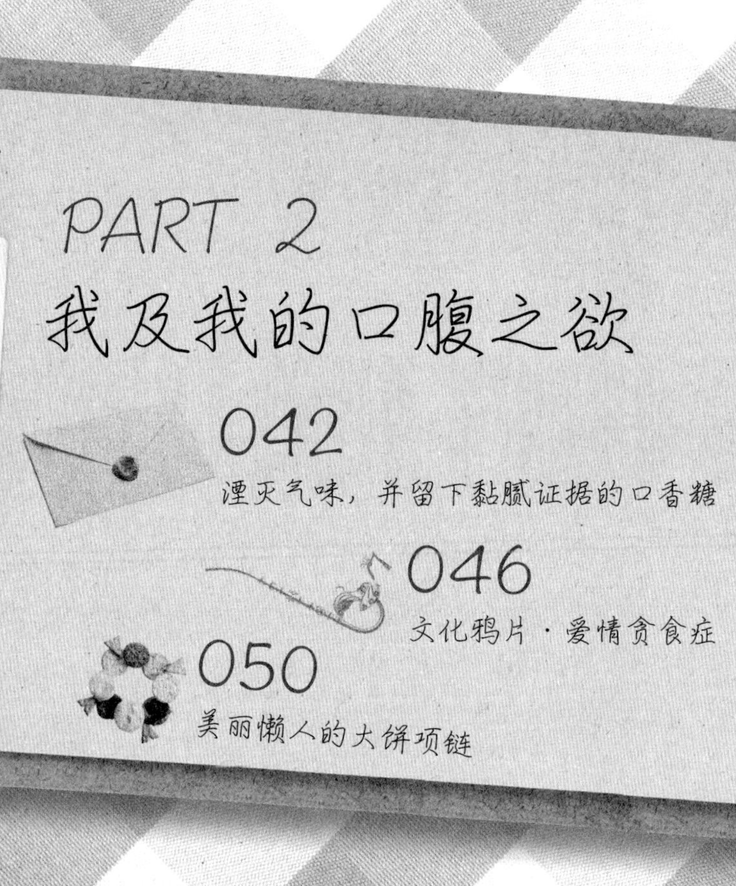

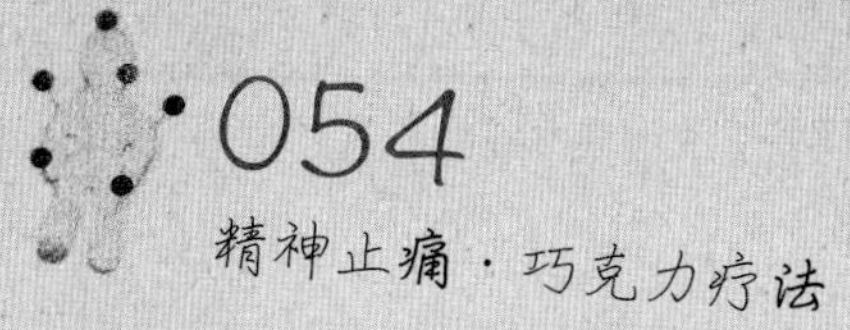

湮灭气味，并留下黏腻证据的口香糖

口香糖为你上一餐辛辣的饮食
消除味道，湮灭暴食的证据；
让你在渴望的新对象面前，
重新假装饥饿。

口香糖为你上一餐辛辣的饮食消除味道，湮灭暴食的证据；让你在渴望的新对象面前，重新假装饥饿。

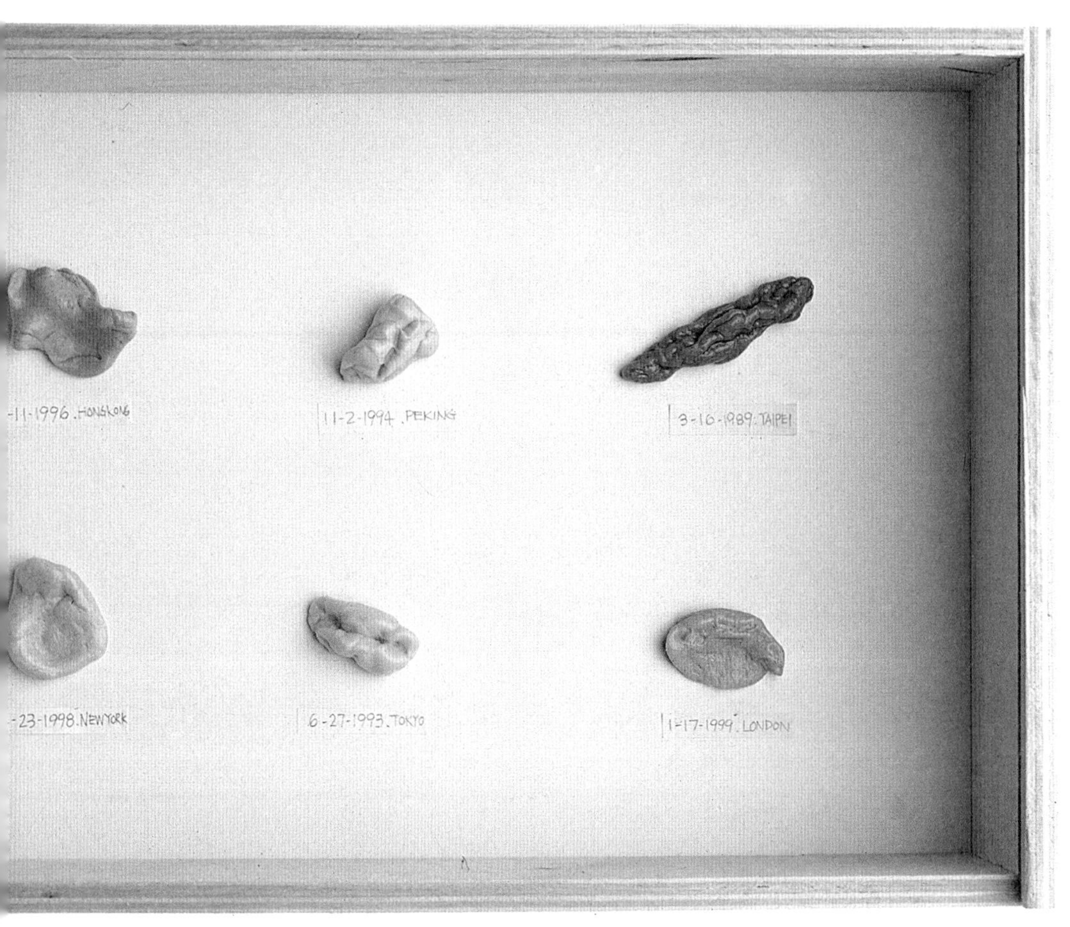

图 / 梅国瑾

湮灭气味，并留下黏腻证据的口香糖

制造口香糖的人可能有另一种企图：
他之前可能是陶艺家，
当人群远离陶土，
他决定研发一种可以吃的甜性黏土，
等到嚼它嚼到无味，
城市中焦虑的人，
会在约会前、会议中、应酬后，
在手中无意识地捏玩它的形体，
让无趣的生活，还留一方寸可以宣泄的创造力，
以维持右脑的命脉。

男人在女友迟到时吹了无数个幻灭的泡泡，
并按下了发誓的指纹。

女人在男友走后，
把口香糖在唇舌间周旋到无味，
吸光了所有口红的颜色及热情。

老人则留下了齿痕，
想要拿来翻制下一次的假牙。

有心事的人，
拿着笔盖在上面锉成楔形文字，
记录一段压抑的秘密。

口香糖为你上一餐辛辣的饮食消除味道，湮灭暴食的证据；让你在渴望的新对象面前，重新假装饥饿。

父亲则在酒后突来灵感，
塑一只皮卡丘给久未谋面的女儿。

艺术家在美术馆，
用一张椅子收集参观者嚼过的口香糖。
我则想用一个画板，
把所有失落在城市里的隐形艺术家，
他们焦虑后的业余创作，
一一裱起来。

这是我保留本世代唯一、
而且包含人体唾液、可供考究的
饮食文化遗产。

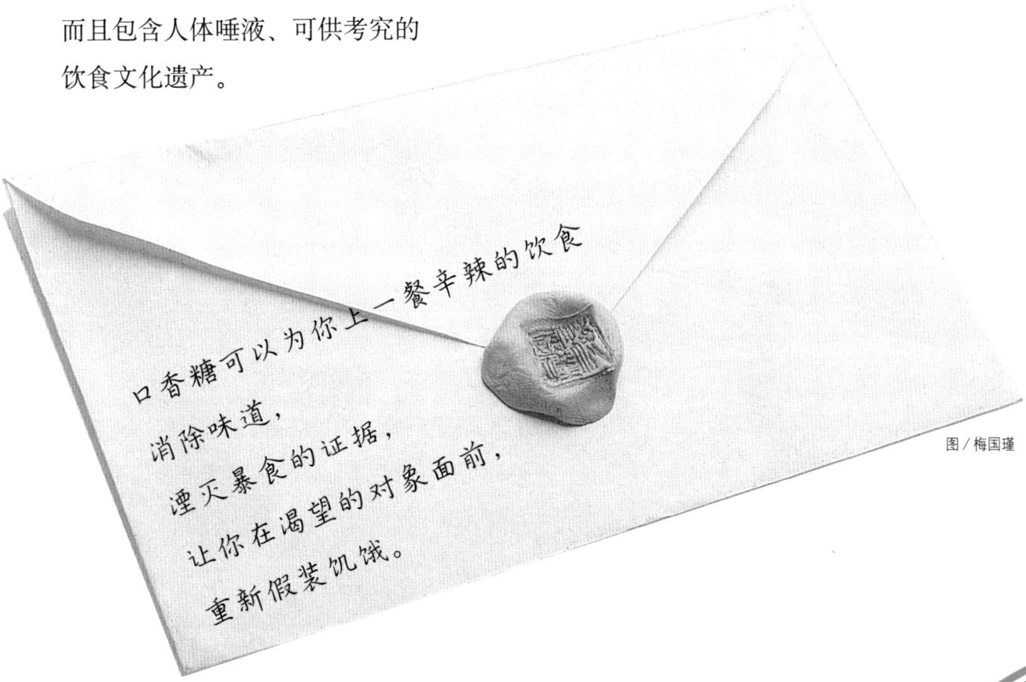

口香糖可以为你上一餐辛辣的饮食
消除味道，
湮灭暴食的证据，
让你在渴望的对象面前，
重新假装饥饿。

图／梅国瑾

湮灭气味，并留下黏腻证据的口香糖

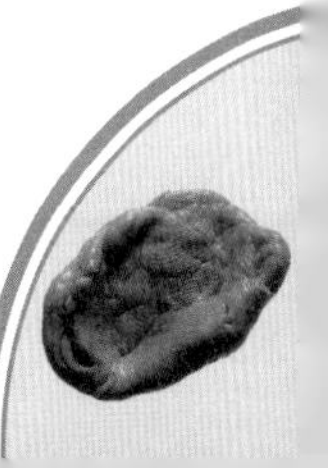

文化鸦片·爱情贪食症

失恋让人退步回口腔期。
我用感伤的吃法，
虚拟饮食宴乐的相处情节，
消化因广告而欢乐的食物。

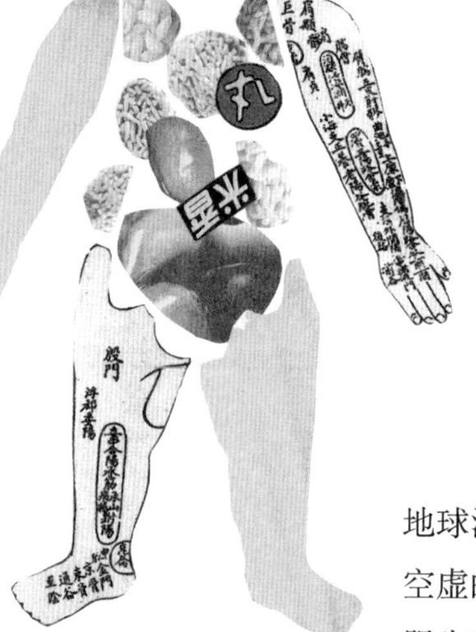

地球消化不完颓废留下的这么多
空虚的塑料盒，
跟失恋者日夜加班生产的哀怨
一样不环保。

买两人份的零食，在我们曾待过的房间，一个人大吃大喝六天七夜，填补你不在的时间和嘴。

图／梅国瑾、黄子钦

激情和孤独都发生在同一个身体里，
热冷温差过大，很容易生病。
虽然清脆的塑料袋声让我不寂寞，
但胃扩张成那么深的伤口，
这些零食，
怎么够糊口？

味觉消失，食欲却因贪食症而复活。

买两人份的零食，
在我们曾待过的房间，一个人大吃大喝六天七夜，
填补你不在的时间
和嘴。

失恋让人退步回口腔期。
我用感伤的吃法，
虚拟饮食宴乐的相处情节，
消化因广告而欢乐的食物。

啃掉一颗颗带葱的拉面丸，溶化硬波浪的洋芋片，
滚进一球球带着安慰的乖乖，咬一整袋 30 元的猪耳朵，
同时吃光自己的口红，
再嚼一片增加唾液分泌的口香糖——
一个人从失眠的清晨吃到暮年，
简单的咬合吞咽运动重复极简的幸福，
把丰饶的记忆吃成荒芜的黑洞，
坐吃袋空。
从相识、相爱，到分手，
我从未改变过爱吃的品牌。
在零食店买了过剩的幻想都是徒劳，
让人在现实中老得更快。

买两人份的零食，在我们曾待过的房间，一个人大吃大喝六天七夜，填补你不在的时间和嘴。

打开包装还有小本的连环图、玩具车赠品，
或是抽奖兑换券，
觉得一定还有好运还没用到，
这全是我要好好活到明天的借口，
自食其乐。

还没吸烟就戒烟的我，
这一袋袋资本主义生产的文化鸦片，
给快疯了的自己保一点尊严。
比起绝食，
暴饮暴食已经算是一种
对自己的放生。

存货吃光了，
也消化完今天价值365元对你的思念，
你已消失，
而我还在偿还你倦情而逃的高利贷。

此·食·此·刻
这些被掏空的零食，
终于填满了我对你最后一丝牵恋的出口。

图／梅国瑾

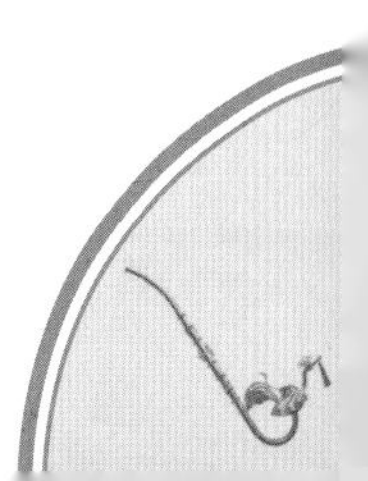

美丽懒人的大饼项链

我串起我爱吃的海苔卷饼、孔雀饼、拉面丸、巧克力奶油夹心饼……

做成自己饿不死的懒人项链。

买项链的钱省了，

还可以饱足三餐而有余，

富足而美。

我串起我爱吃的海苔卷饼、孔雀饼、拉面丸、巧克力奶油夹心饼……做成自己饿不死的懒人项链。买项链的钱省了，还可以饱足三餐而有余。

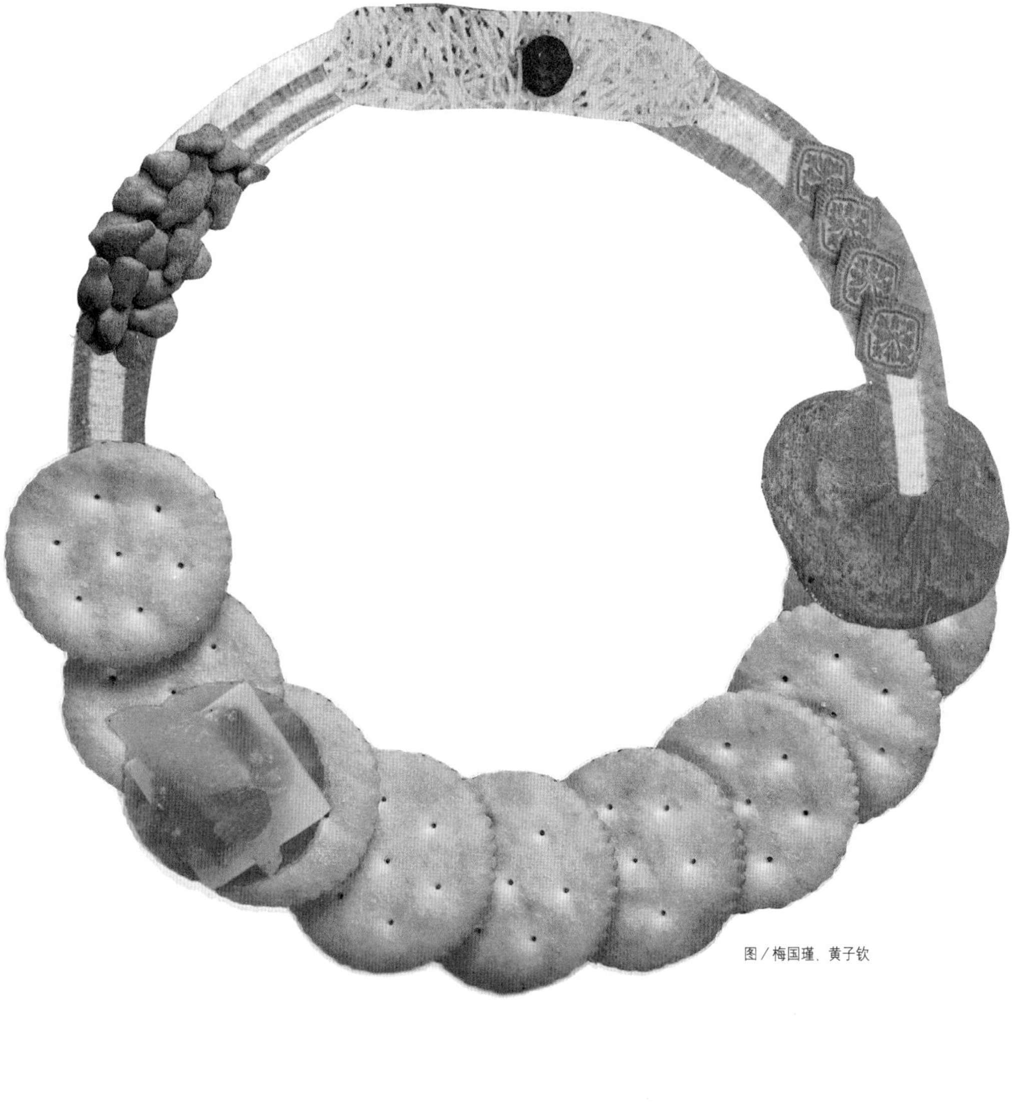

图／梅国瑾、黄子钦

常忘了吃三餐，每次饿到想起来，
餐厅都关门了。

突然想起来以前有一则懒人懒到底的小故事：
一个懒人懒得做饭，要出远门的家人，
就在他脖子上串满大饼，
不过好心的家人回来时，发现他还是饿死了，
因为他懒得把脖子后方的饼移到前面来。
这好像是我的上辈子。

小时候被医生判为营养不良的我，
如果想长命百岁，
这辈子得勤快些。

前车之鉴，
这次我自己做的饼干项链只做前面不做后面，
我串起我爱吃的海苔卷饼、孔雀饼、拉面丸、巧克力奶油夹心饼……
而且还加做手链、腰链……
用买项链的钱省下来的，
就可以饱足三餐而有余，
富足而美。

我串起我爱吃的海苔卷饼、孔雀饼、拉面丸、巧克力奶油夹心饼……做成自己饿不死的懒人项链。买项链的钱省了，还可以饱足三餐而有余。

懒人如果爱美，
手工一天的大饼项链就舍不得吃掉，
其实是成全之美，或许是为了减肥，
如果被冠上懒到饿死的罪名，
其实有点冤枉。

图/黄子钦

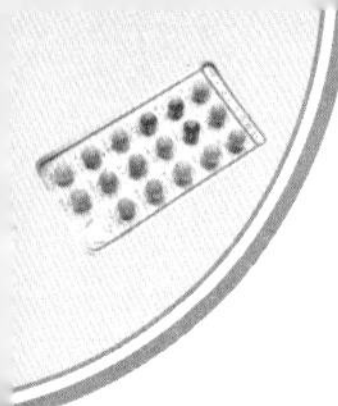

精神止痛·巧克力疗法

身体的前科累累，
像被人做法似的无预警疼痛。
为了自救，
就在仇恨的针头上加巧克力，
顺势转成热灸疗法，
让流入身体的甜蜜，
成了止痛的幸福镇静剂。

身体的前科累累，像被人做法似的无预警疼痛。就在仇恨的针头上加巧克力，顺势转成热灸疗法，让流入身体的甜蜜，成了止痛的幸福镇静剂。

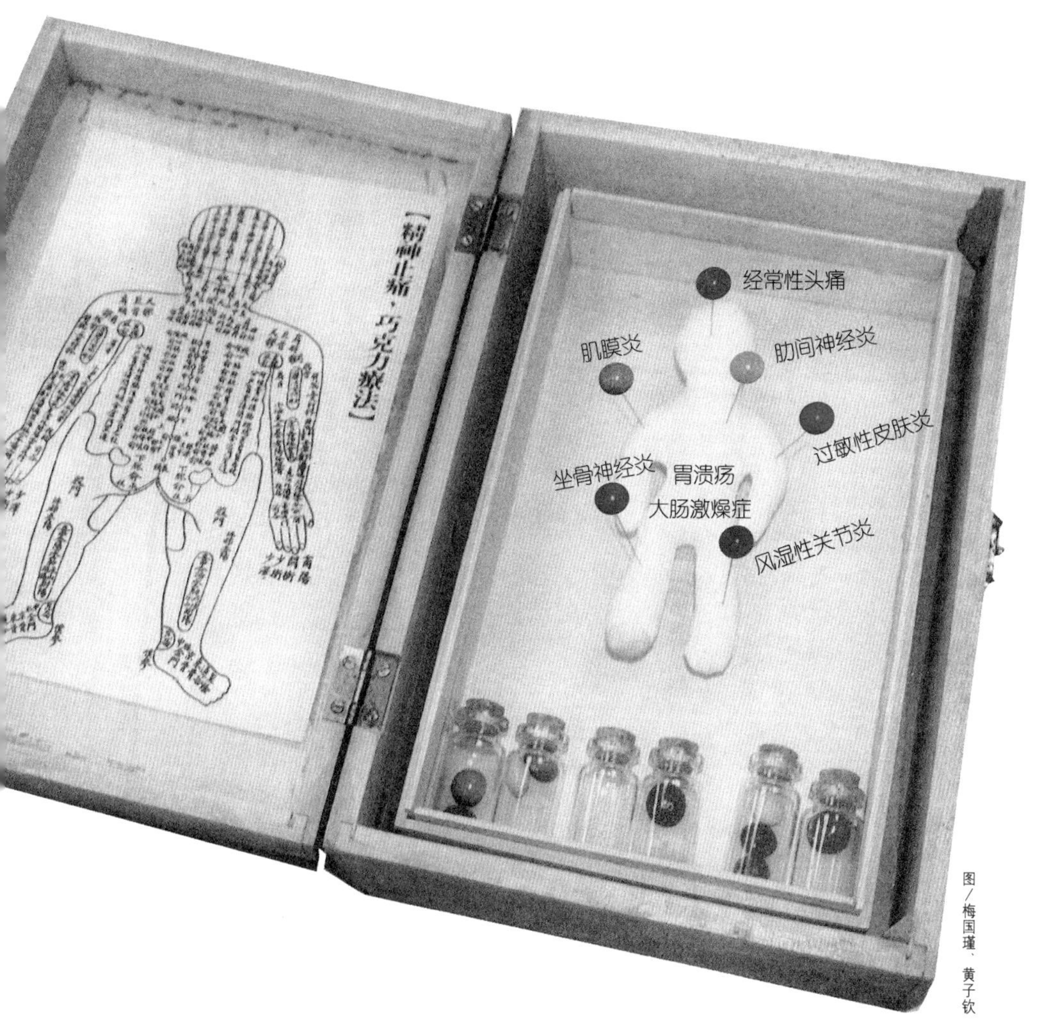

图／梅国瑾、黄子钦

有这么多病史的我，
照顾自己成了曲折难养的过程。
坚强一遇痛就失效，
久病床前无孝子的道理，连自己对自己都失去耐性。

每个器官都经历过一些急诊室的沧桑，
每痛一个地方，
就逼着我痛定思痛，思考身体存在的意义。

老觉得身体就像是行程很满，不肯休战的暴动进度表，
一堆发病的潜伏期轮流拷问我，
我总是自问自答自我解惑，
痛，成了一天必须全神应对的麻烦情节。

有时常怀疑自己，
是不是潜意识用肉体和浮士德交换灵感；
但面对这么多五颜六色、把精神弄成黑白的消炎药，
我就想放弃，平安赎身就好。

痛的病容变得少年老成，
于是用小孩甜嘴的巧克力，
止痛，
并用甜蜜治疗我早衰的灵魂。

身体的前科累累，像被人做法似的无预警疼痛。就在仇恨的针头上加巧克力，顺势转成热灸疗法，让流入身体的甜蜜，成了止痛的幸福镇静剂。

痛，证明我是有机的，
因为环境中任何一件漂浮物，
都可以与我起强烈的化学反应。

痛没有伤口，也不会传染，
没有人可以分享我的痛觉，
很希望遇上电影《绿色奇迹》的善良巫师，
可以把各式各样的病吸吐出来，
让我一夕痊愈。

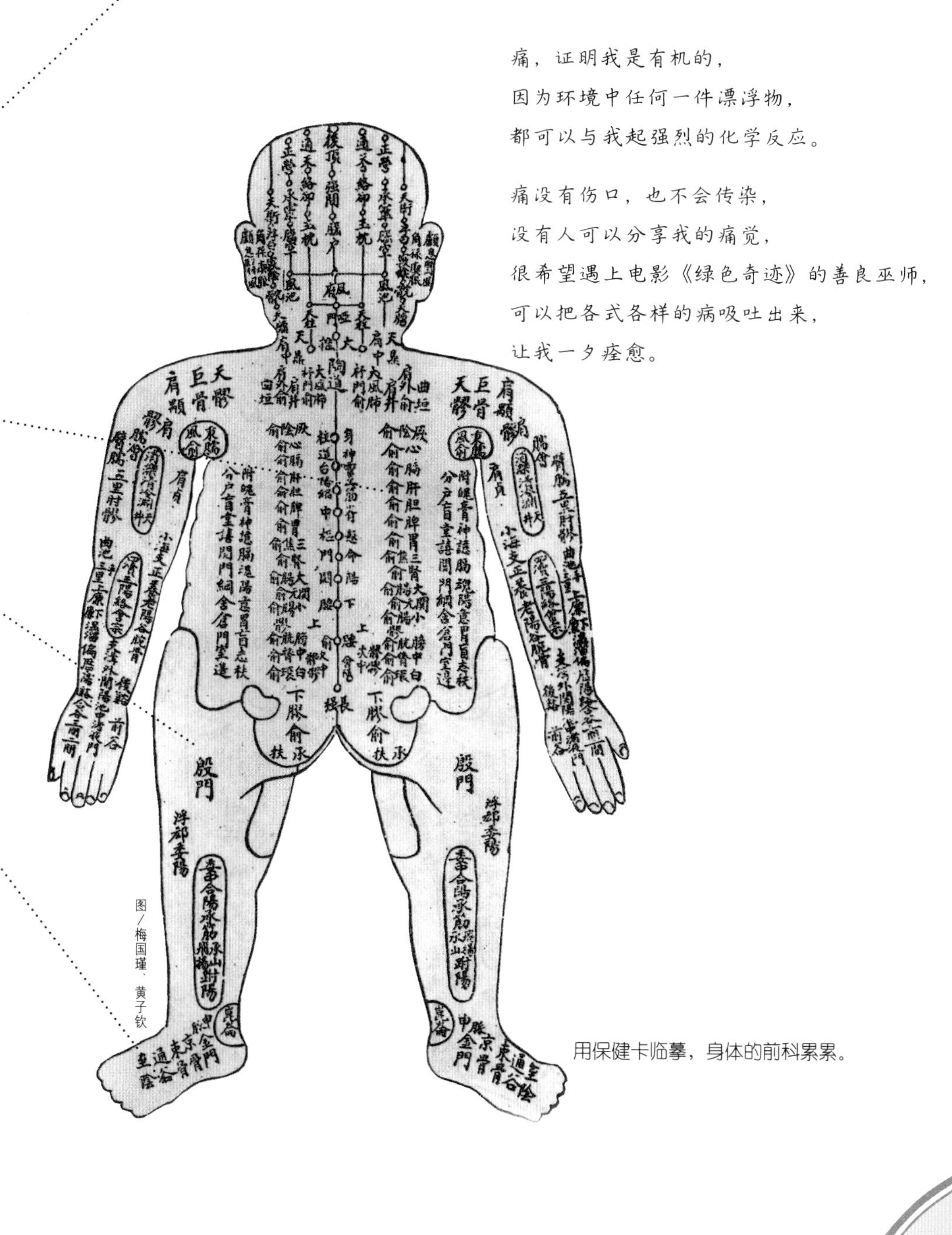

图／梅国瑾、黄子钦

用保健卡临摹，身体的前科累累。

潮起潮落 · 酗水计次表

看到桌上的瓶瓶罐罐，
知道自己的心情不好的时候，
有酗水的习惯，
于是开始做一天进水量的调查。

每天泛滥的进水量，是潜意识自溺的过程，川流不息的潮音不断，腹鸣的时候，像是隔着肚皮听潮，澎湃极了。

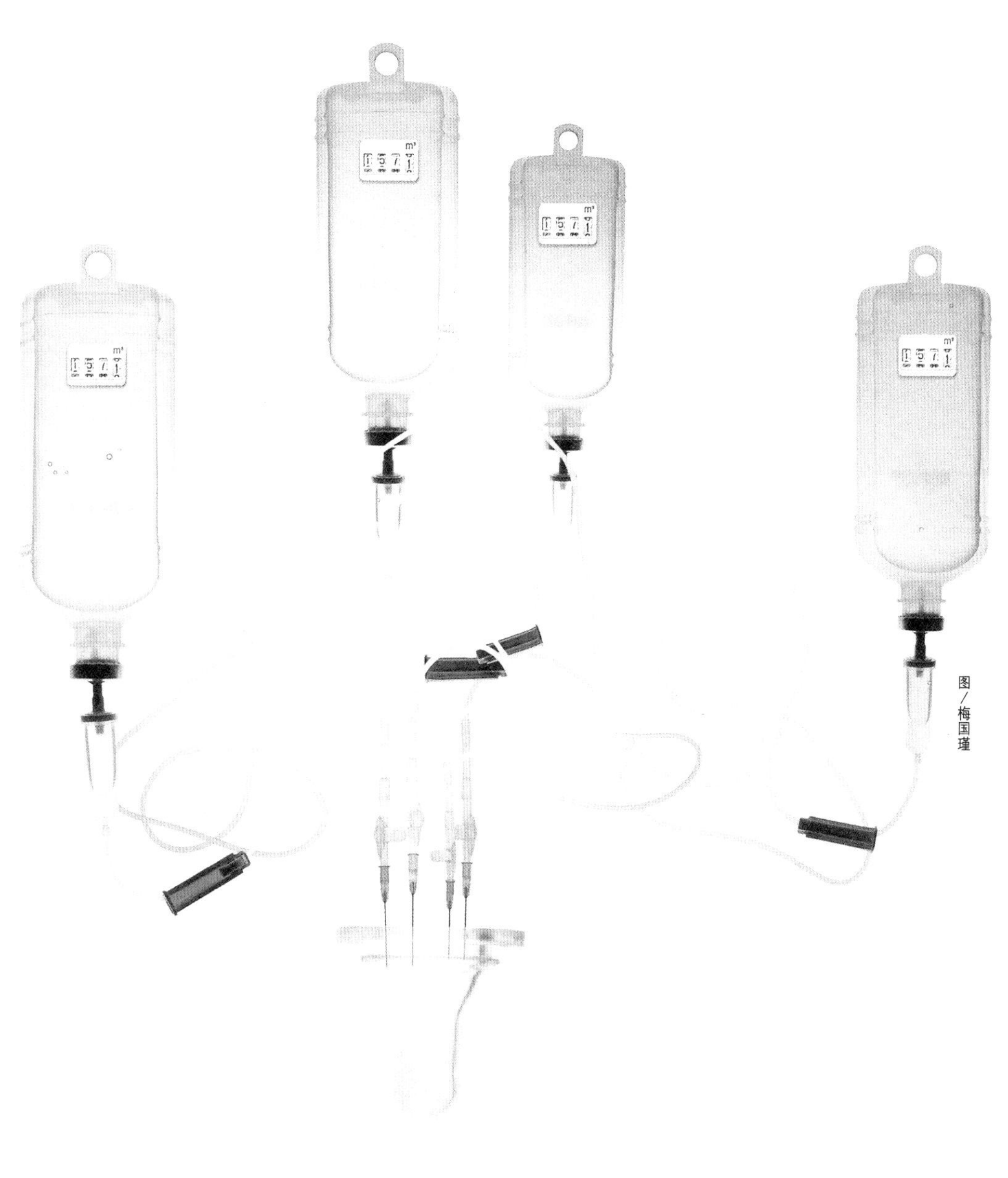

图／梅国瑾

看到桌上的瓶瓶罐罐，
知道自己的心情不好的时候，
有酗水的习惯，
于是开始做一天进水量的调查。

清晨 9 ： 10
250 千克小鱼粥罐头，
喝完再用草莓酸奶，
载粥覆粥，
是身体的第一杯早潮。

早上 10 ： 15
重烘焙烈焰咖啡当第一剂的强心针，
南美的身体冲浪，
先给今天的行程满满的工作，
来一次不健康的心血来潮。

近午 11 ： 36
一杯温的矿泉水，配综合维生素，升高抵抗力，背水一战。

中午 12 ： 03
吃合菜，喝三碗姜丝猪肝汤，搬弄是非，货畅其流。

下午 1 ： 25
去STARBUCKS喝热甘菊茶，回冲一次，还试喝一小杯苦得要死的浓咖啡。

下午 2 ： 30
去时尚发廊剪发，再喝一杯乌龙茶。

每天泛滥的进水量，是潜意识自溺的过程，川流不息的潮音不断，腹鸣的时候，像是隔着肚皮听潮，澎湃极了。

图／梅国瑾

下午 4：19

到家，喝同学送我的康福茶，

泡一整壶不知名的草香，帮身体保湿。

下午 4：39

妈妈来电说要多吃水果，

赶快拿冰箱快过期的果菜汁喝，

我感觉丰富的维生素 ABCDE 搁浅在我的肠胃流域，

堆积成营养的

冲积平原。

晚上 6：45

说说君子之交淡如水？

和以前的同事约吃饭，

泰式酸辣汤在肚里，小浪转中大浪，

胃壁被气势磅礴的酸，

侵蚀成凹凸不平的岩岸，

开始胃痛。

晚上 7：12

喝一碗碎冰西米露，

肚子大概变成惨烈的铁达尼撞冰山，

死了不少

老中青三代的细胞。

晚上 7 ： 26

忽然记起要吃补肝的中药粉，一杯温水全程护航。
这帖中国的药方，
把我的流域再覆上一层大河文明的黑色沃土，
我的中年肚子开始鼓成丰饶的腹地。

晚上 10 ： 45

身体虚，喝加热水的四物鸡精。
一股来自上方的暖流，
给众器官们轮流泡一瓶 10 块的温泉。

半夜 12 ： 16

看影集配微甜的冰酒沉沦一小杯，
老是等不到结局，我就比影片中的被害人先昏迷。

滚滚红尘，一天之中涨潮退潮数十次，
这是我自断奶以后，日积月累养成的自我哺育习惯。
每天泛滥的进水量，是潜意识自溺的过程，
川流不息的潮音不断，腹鸣的时候，
像是隔着肚皮听潮，
澎湃极了。

酗水的女人，被人家视为祸水红颜。
爱哭的女人，有一终竭泽而渔的歇斯底里。
懂得翻云覆雨的女人，水涨船高。
兴风作浪的女人，变成了谣言中的洪水猛兽。

每天泛滥的进水量，是潜意识自溺的过程，川流不息的潮音不断，腹鸣的时候，像是隔着肚皮听潮，澎湃极了。

图／梅国瑾

大餐之后的补救措施

吃完两小时八道菜的优雅晚餐，
要赶快用麦苗汁吞咽：维生素、酵素、灵芝、
鸡精、白凤丸、龟鹿二仙胶加味丸和纯钙发泡锭，
轮番在享乐腐败的身体，
进行不得不为的清算斗争。

为了维系这一群陪我长大、精神上不能没有的酒肉朋友，自体的毁灭是必要的。

图／梅国瑾、黄子钦

吃完两小时含田螺前菜、肋排、龙虾、甜点、餐后酒等共八道的优雅晚餐，
要赶快用麦苗汁、冬虫夏草或刺五加养生茶，
花两分钟狼吞虎咽：
一颗维生素、一口酵素、一粒灵芝、两匙有机铁维粉、一包科学中药、
一罐鸡精、半瓶白凤丸、深海鱼肝油、八粒龟鹿二仙胶加味丸
和一颗强力纯钙发泡锭，
轮番在享乐腐败的身体，进行不得不为的清算斗争。

两匙综合“黄金谷粉、裸麦、白扁豆、薏苡仁、苜蓿、明日叶、亚麻仁子、
纯正莲藕、南瓜子、枸杞子”的有机纤维粉，
设下重重的植物性阻碍，围剿七分熟的肋眼牛排；
日本进口的环保净化酵素，昂贵有神效的菌与海藻，
紧接在龙虾、墨鱼、蟹脚、干贝、鲜蚵、鳕鱼之后，
集体清运不再美味、抒情过后的胆固醇；
维生素和中药渣，
则是用来慰劳身经百战的疲劳肉体。

常忘了生老病死，
总是吃喝玩乐的人生，没那么简单；
酒足饭饱后的罪恶，
害怕现世报的我立即忏悔。
虚拟维生步骤，篡改我贪吮美味的堕落后果，
该支持的健康抢救部队，
花再多钱，我一样也不敢少。

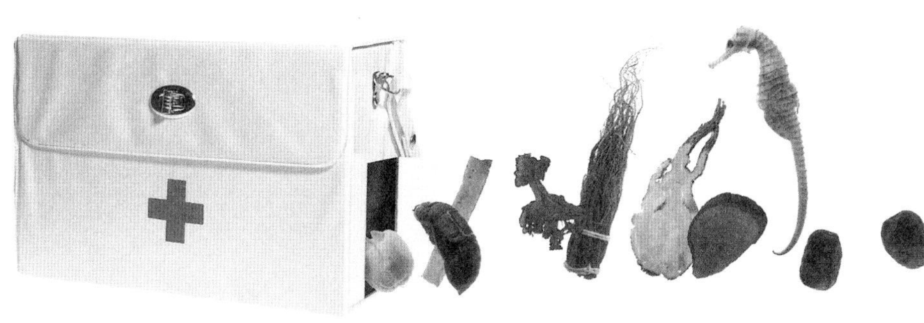

图/梅国瑾、黄子钦

为了维系这一群陪我长大、
精神上不能没有的酒肉朋友，
美食后的自行毁灭是必要的。

帮助消化、加速代谢、补充养分、完成吸收，
不留东西可供腐朽的干净身体，
不能维持美食当前的长吃久安。

口味过敏症

她对塑料制品过敏，对药物过敏，
对味道过敏。
她总是觉得餐厅里招待的水果有腥味，
她甚至可以辨别
哪把水果刀刚才切葱后还去拍过蒜。

她在不洁的城市里，一直不满意她所吃的食物，包括她的生活在内。

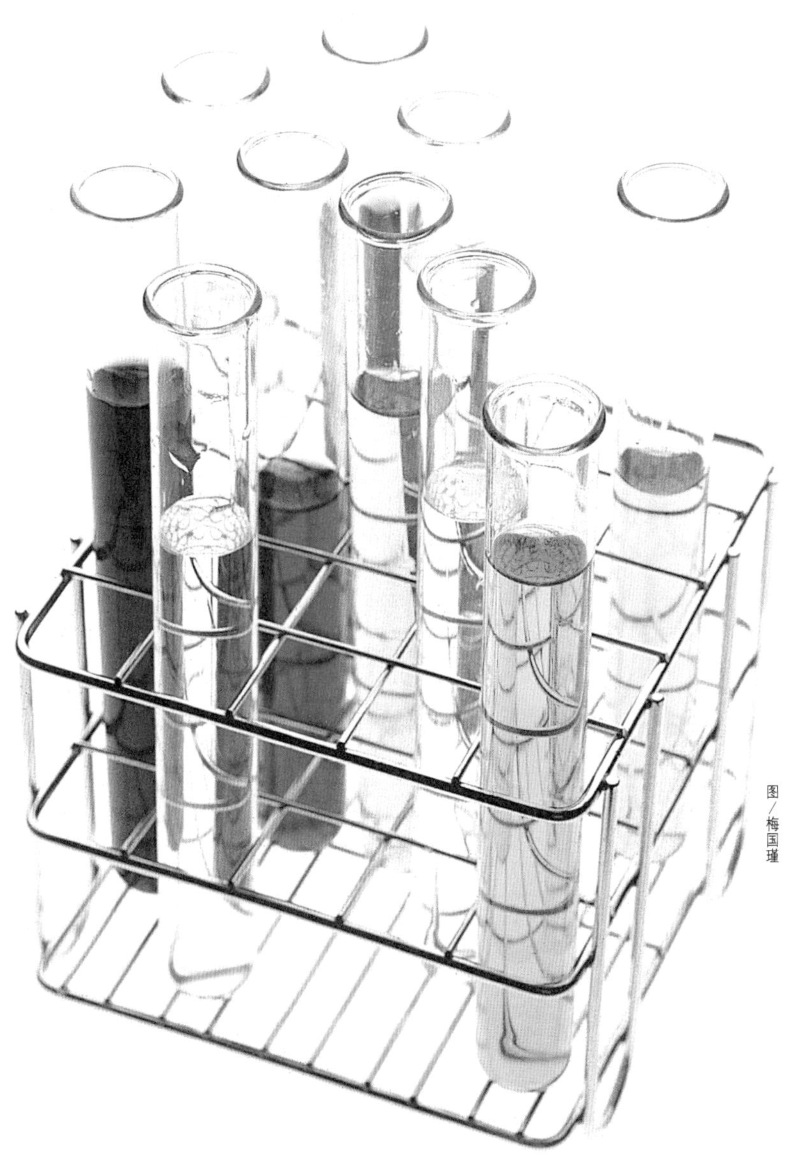

图/梅国瑾

她老是嫌戏院和公交车的空气脏，只要有一个人咳嗽，
就觉得有上亿的毒病菌吸进气管里活活搞坏她的肺。

她对温度过敏，如果冷气低于 26 度，
她的风湿关节马上疼遍全身，
高过 26 度，她就会中暑。

她的脸对化妆品过敏，连在店里试涂口红，
第二天嘴唇就有红痒的报应。

她对阳光过敏，在海边别人晒得舒服，
她已经二度灼伤。

她对声音过敏，半夜半里外的猫叫，
可以让她彻夜难眠。

她对塑料制品过敏，对药物过敏，
她对味道过敏。

她总是觉得餐厅里招待的水果有腥味，
她甚至可以辨别
那把水果刀刚才切葱后还去拍了五粒蒜。

她可以从牛奶里感受到母牛的心情，
从咖啡里喝出运送沿途的气味。

正因为她对什么都过敏，
所以对身体的每一部位都感受十足：

她在不洁的城市里，一直不满意她所吃的食物，包括她的生活在内。

她听得见血流动的声音，从自己的口中气味，
得知上一顿饭在肠胃消化到哪一段。

她是否来过此处，眼睛可以不看，
只要闻味道就可以指认细节。

如此过敏，
让她在不洁的城市里，
永远嫌口感不纯，口味不佳，
她一直不满意她所吃的食物，
包括她的生活在内。

她最怕倒垃圾。
站在一群等着倒垃圾的邻居中间，
上万种味道，就像是一个个仔细的线索，
飘进她的鼻子里：

35 号 4F 的林小姐有养贵宾犬，
而且都喂它剩菜剩饭。
28 号 1F 的陈先生，清出来的花草，
不仅日渐枯干、有虫而且营养不良。
17 号 2F 的许太太月事已经第二天，
情绪不佳而且有慢性胃病。

每到晚上 7:00，
全里的人集体倾倒家丑，
让她知道太多吃不下饭的秘密，
以致食欲长期不振。

图/梅国瑾

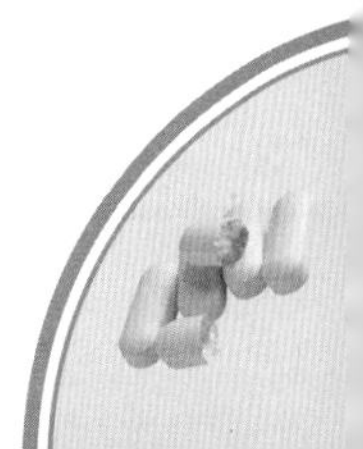

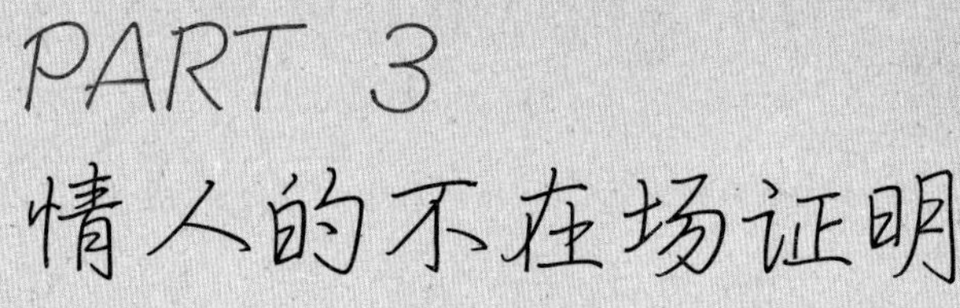

PART 3
情人的不在场证明

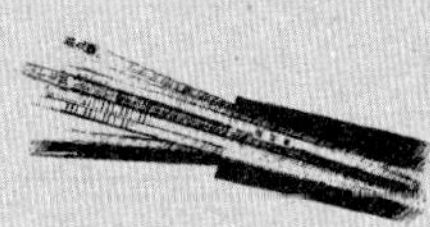

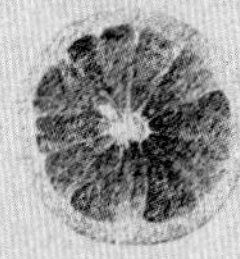

082
冰封气味的记忆罐
086
花菜的送礼实用学
090
在梦里慰藉我的食物

爱情复辟·情人签

你用过的筷子都在场

这是我对你唯一的把握

没有什么比这个更真实地

证明你的存在。

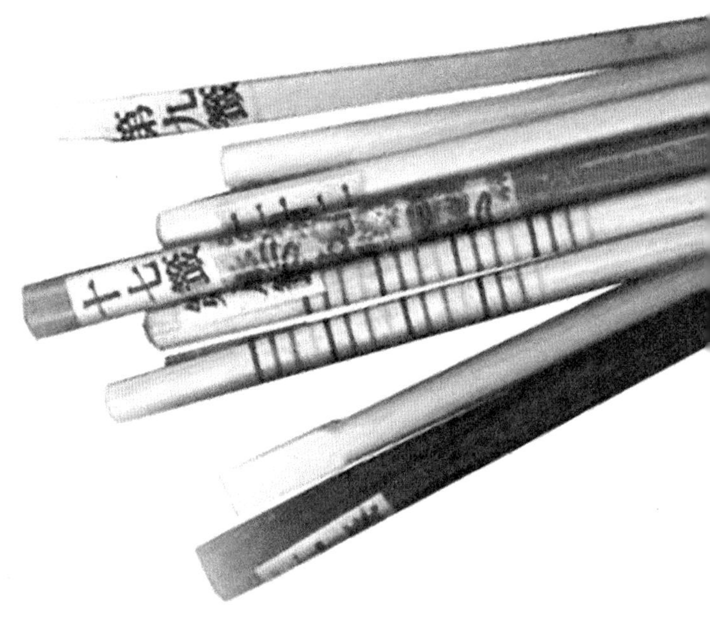

爱情有时不是明天会更好的进化论，我得宿命地用轮回反刍激情，以思念坚定你会回头的信仰不移。

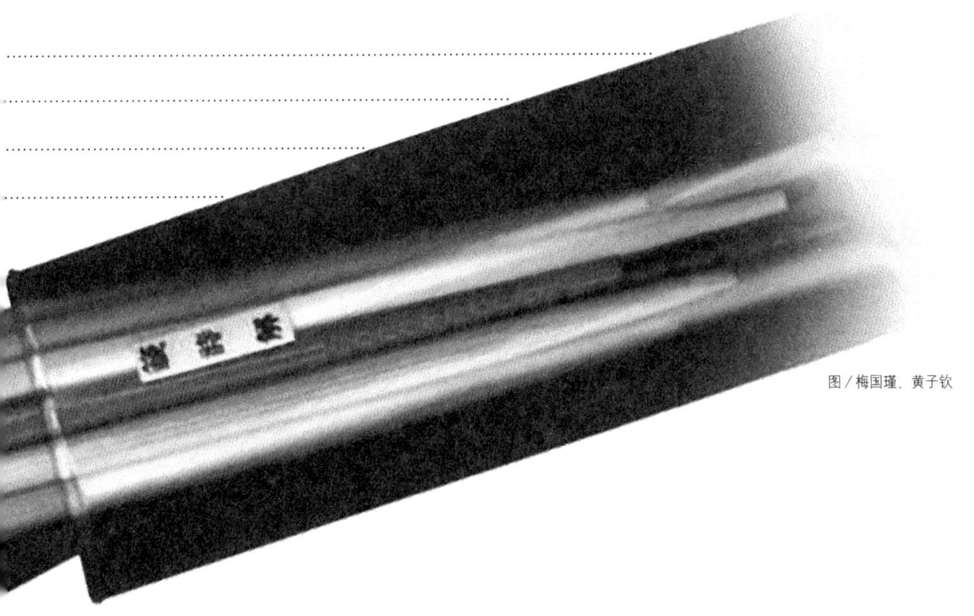

图／梅国瑾、黄子钦

涂／梅国瑾、黄子钦

从初识、热恋、谈判到分手，
都是在“杯”欢离合的餐桌上进行的。

三年了，
总是记得分手无言的前夕，
你抱病含咽的筷子，
至今都还高烧不退。

爱情有时不是明天会更好的进化论，
大部分寂寞的时间，
我得宿命地用轮回反刍激情，
以思念坚定你会回头的信仰不移。

这几双曾被爱情滋润过的筷子，
被我当证物地放进签筒中，
像古时候皇帝翻牌宠幸似的，
按食序编号抽样温习你的手迹、我的情书。

一双筷子给了两次读同一封信的机遇。
情书随机排列，
我重新解读这些一错再错、重蹈覆辙的对话，
感动依然有效。

料事如神的签筒，
装满你一根根食言的筷子，
每晚都会针对新提出的爱情命题，
给痴想未愈的我，
一语成谶的启示。

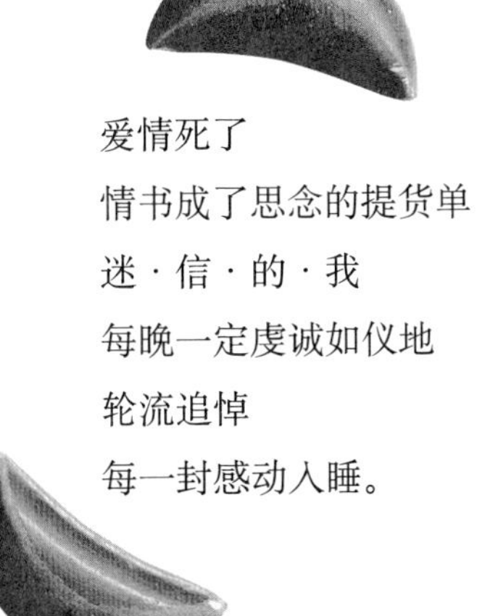

爱情死了
情书成了思念的提货单
迷·信·的·我
每晚一定虔诚如仪地
轮流追悼
每一封感动入睡。

关于爱情，证据永远不足，回忆还要继续上诉，
把一场爱恨不明的关系，拖成了劳民伤财的悬案未决。

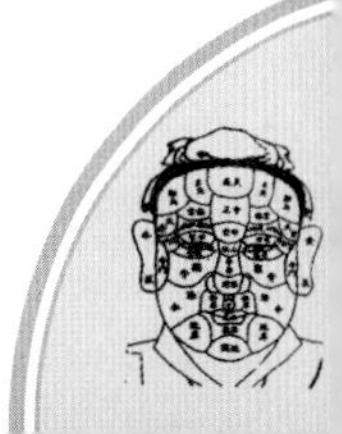

失恋切片·忌口的书简

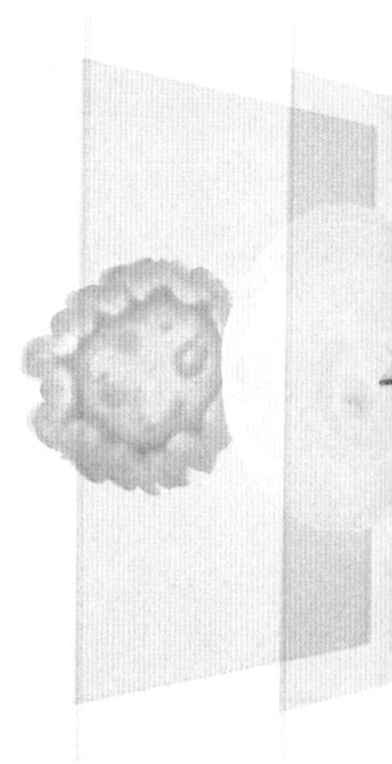

把你讨厌吃的东西，
做成切片书简，
仔细培养、分析研究之后，
找出你最终离开我的理由。

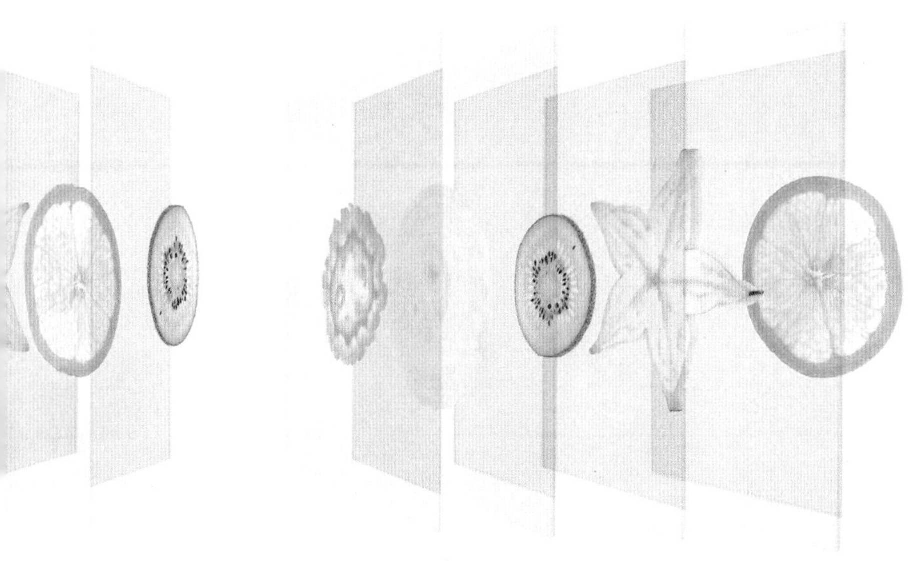

图/梅国瑾、黄子钦

讨厌的食物，会像骨牌效应一样，
连同吃饭的人，一起恨进去。

你留下忌讳的主题，
我自行演绎失恋的版图，
可惜线索太少，注释过多，
离别的真相日久就不可考，
对于你的口味，我很难见真章。

把你讨厌吃的东西，
做成切片书简，
仔细培养、分析研究之后，
找出你最终离开我的理由。

用习禅的心，解读你非素食的口味，
努力回想每一次生活细节，
每一餐你从碗盘里拣出来的各种食物，
归纳出你挑嘴的定律、偏食的法则，
及不想经历的味觉——
我发现，只要是形状圆满、
有特殊味道的东西，
你最不爱。

想你的时候，
就断章取义地翻开书简，
照本宣科地吃你讨厌的食物以远离你，
明知故犯地报复你的缺席。

只不过，
这些东西吃多了，
会觉得自己愈来愈像口味不佳的
综合果菜汁。

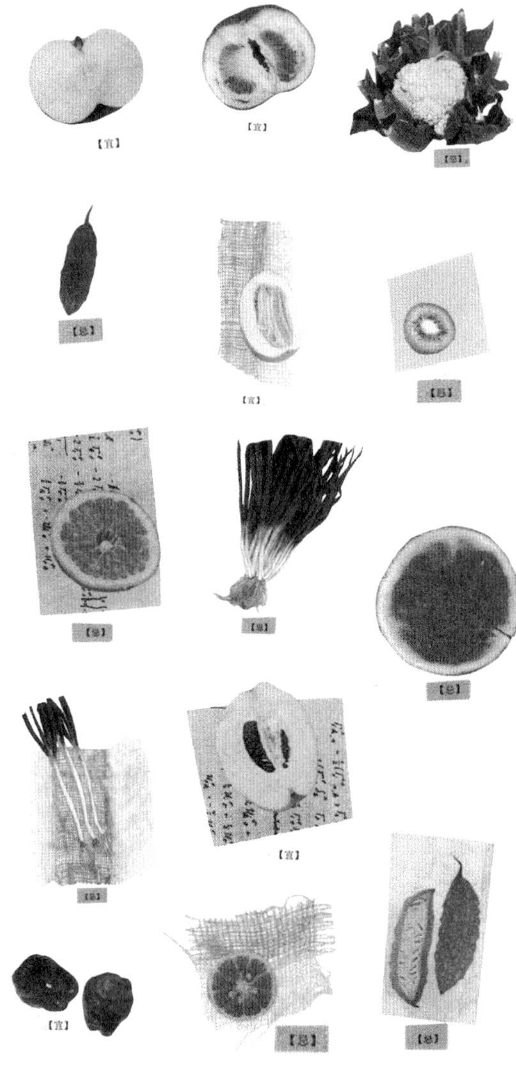

好久不见，不知你的口味变了没？想提醒你的是，如果连我都不要，你会营养不良的。

好久不见，不知你的口味变了没？
想提醒你的是，
如果连我都不要，
你会营养不良的。

图／黄子钦

你的

冰封气味的记忆罐

情人身上的味道，
及情人在餐厅里与食物共处的气氛，
我想用一个个小罐子收起来，
放在冰箱里，冷藏这些有味道的记忆。

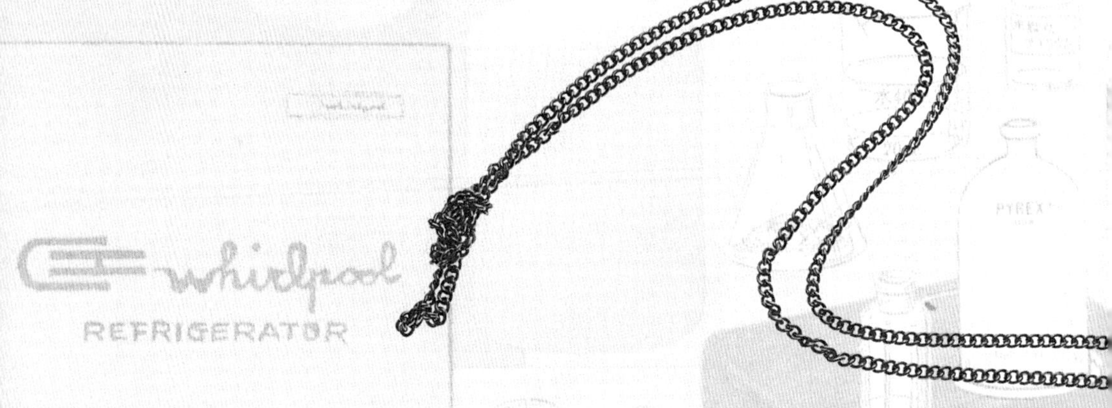

有书香与巴哈的薰衣草茶。
下午刚出来的手工饼干。
打发一下午的客套，
大家初见面，请多多指教

这些瓶子只要一打开，记忆就稀释在空气里。可是不打开，我怎么重温当时的气味？

与宿醉的气味。

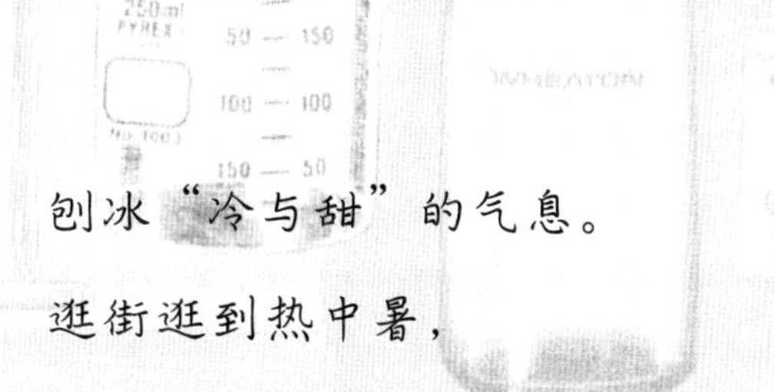

刨冰"冷与甜"的气息。

逛街逛到热中暑，

两人情感要降温时的透心口感。

啤酒屋自带的气息。

戒拳灌酒、看面子、拼交情，

金色液体流动着亢奋的情绪，

颓废而且气盛。

麻辣火锅。冷感时想玩火自焚，

大胆流汗的味道。

泰式小菜第一口气味。酸甜辛辣。

旅行偶遇时，空气中弥漫着

挑逗且一触即发的气息。

PUB 一夜没睡的味道。

有模糊 JAZZ 的黑街记忆。

听到真言，也闻到犯罪的气息。

图/梅国瑾、黄子钦

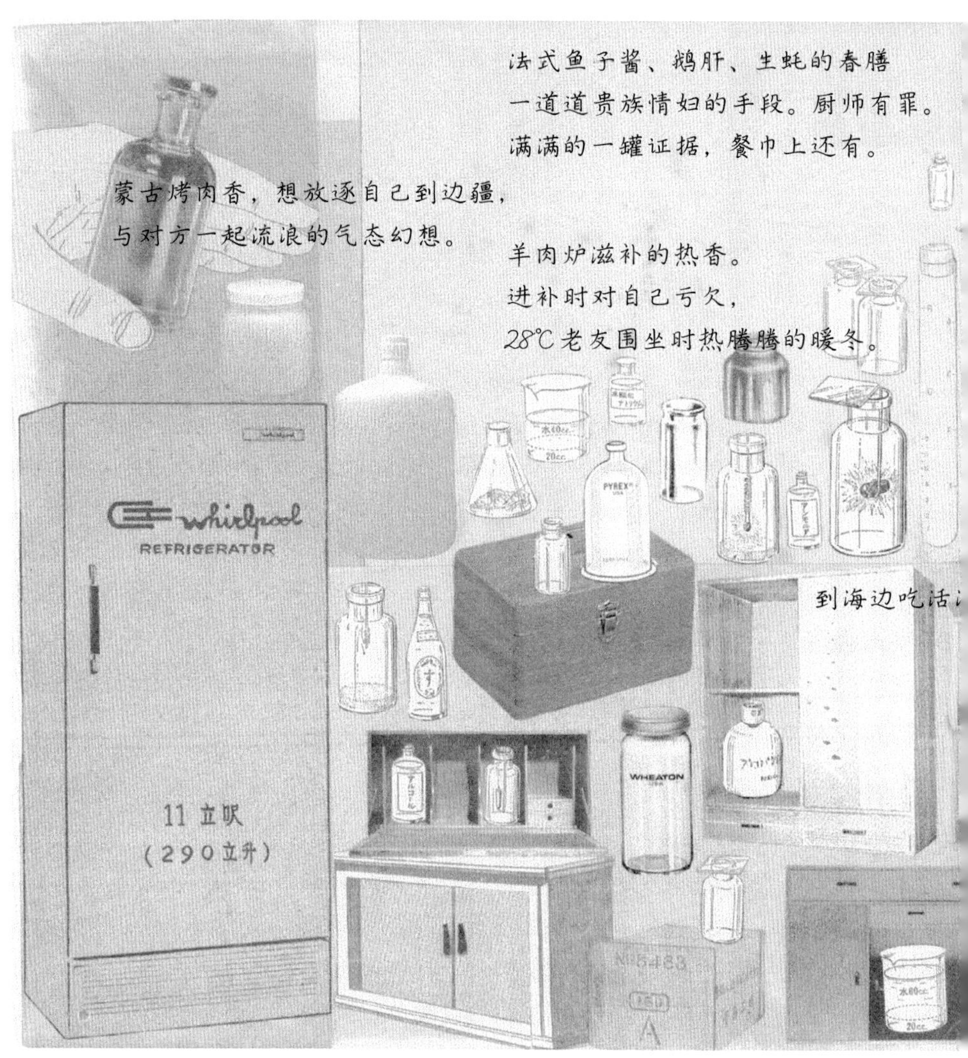

这些瓶子只要一打开，记忆就稀释在空气里。可是不打开，我怎么重温当时的气味？

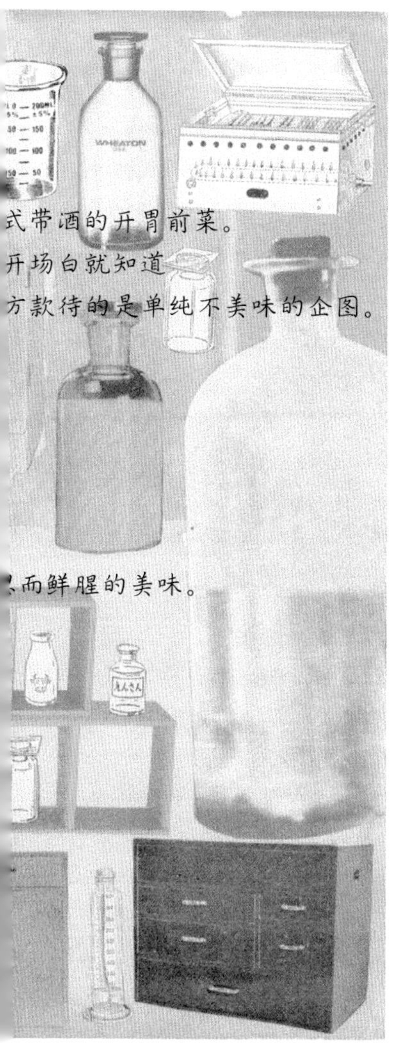

图/梅国瑾、黄子钦

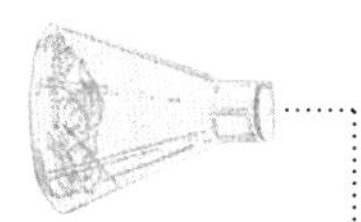

《感官之旅》作者黛安·艾克曼说，世上没有比气味更容易记忆的事物。气味无法描述，就像令人难忘的感情情节一样刻骨，酸甜苦辣，我们都记在一万多个味蕾里。电影《爱你的五种感觉》里，一个男人，每逢他的旧情人，就捧起对方的手闻闻味道：或许有烟味，或许香水品牌换了，或许上一餐剥过虾子……情人身上的味道，以及情人在餐厅里与食物共处的特殊气氛，我想用一个个小罐子收起来，放在冰箱里冷藏着，这些有味道的记忆。

这些瓶子只要一打开，
记忆就稀释在空气里。

可是不打开，
我们怎么重温当时的气味？

花菜的送礼实用学

花太不实用，
我期待能在情人节时签收到一束
用红绒纸金缎带豪华包装的大束包心菜，
欣赏几天后，
现煮现吃，取代凋谢，
在身体里长期而有机地存在。

图／王祥华、黄子钦

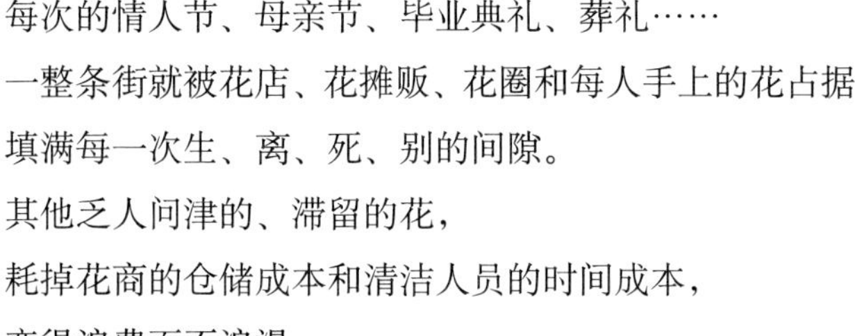

每次的情人节、母亲节、毕业典礼、葬礼……
一整条街就被花店、花摊贩、花圈和每人手上的花占据，
填满每一次生、离、死、别的间隙。
其他乏人问津的、滞留的花，
耗掉花商的仓储成本和清洁人员的时间成本，
变得浪费而不浪漫。

所有的人都适用鲜花吗？
不同的情人，在情人节都送千篇一律的花；
生病的人看花看到凋谢，对生活都腻了；
独立的女子生日，她还需要娇艳的支柱吗？
鲜花太没有创意，
过剩的繁荣，我们需要一个比较环保的新礼节。

应节庆而长的花，逢时就一支上百，
顶多开一礼拜，
不甘心再做成干燥花，
榨干它的边际效用；
然后搬家打包时第一个被丢掉，
反正乔迁之喜还有新花可拿。

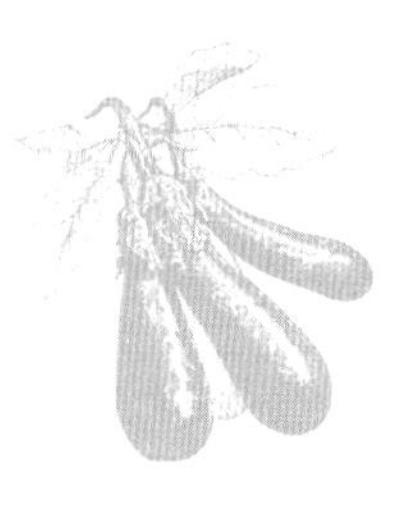

花太不实用，
我期待能在情人节时签收到一束
心都被包折在里头、

用红绒纸金缎带豪华包装的
大束包心菜。

生日时收到盛开的绒白色花菜和几支有劲的芹菜；
毕业时收到步步高升的茼蒿；
圣诞节时收到连枝的菠萝、西红柿、苹果树……
以自然的水果礼，取代人工点灯的圣诞树。

喜欢收到后，就冰藏在冰箱里，
想看的时候就置身在摄氏5度下，
气氛越冷越开花。

饿的时候，
还可以现采现煮现吃，
烹煮你的祝福，消化他的爱情，
抽象而无法度量的情分，
在身体里长期而有机地存在，
比鲜花无常地凋零，
更具有植物性经典的永生意义。

没有什么
比收到花菜
更精准而永恒地
到达对方的最深处。

图/黄子钦

在梦里慰藉我的食物

梦不是心理活动，
有时是肉体的。
过多关于饮食宴乐的梦，
会让人在现实中更饿，
老得更快。

梦不是心理活动，有时是肉体的。更多关于饮食宴乐的梦，会让人在现实中更饿，老得更快。

图/梅国瑾

梦到自己开杂货店，
卖过期有霉味的美食杂志、
祖母时代的零食
和早就没有水分的蔬果，
都是过去的情人在光顾。

要不就是梦到下飞机后，
所有的餐厅都关门，
只好走进房东的厨房，
打开冰箱，
全都是不能维生的调味酱料，
无以为继，
只好两人挨饿到白天。

一直梦不到好好地吃完一顿饭，
一直梦不到白头偕老。
梦里的爱情，
在一起很短，痛苦很长，
总演不到晚年。

梦里醒来时，
老忘了你说过的话，
却记得和你吃的食物；
人和景都是黑白，
只有食物是彩色的，

图／梅国瑾、黄子钦

梦不是心理活动，有时是肉体的。更多关于饮食宴乐的梦，会让人在现实中更饿，老得更快。

但怎样都记不起来
那餐饭的味道。

现实里醒来，
我还记得要约出来谈分手的那通电话，
是我在芬兰打的国际漫游。
也记得分手那天的晚餐很昂贵，
两个人没吃几口，记起很多山盟海誓，
眼前却剩很多山珍海味，
花了五百多元，是我刷的卡。
一个月后收到账单，
就是分手那天最贵，要花好几次的循环利息才付清。

情伤渐愈之后，
我常常梦到白天吃不到、
医生不准吃，
或是觉得意犹未尽的食物。
梦里暴饮暴食，
吃得过撑，让明明一天只吃一餐的我，
还继续发福。

我感谢我的梦，
每晚喂饱现实中我每一阶段的
肉体不满足。

台北太大，
否则我怎么从分手之后，
就没再见到你？

台北太小，
否则我怎么老是走到我们去过的餐厅，
以至每晚梦到你？

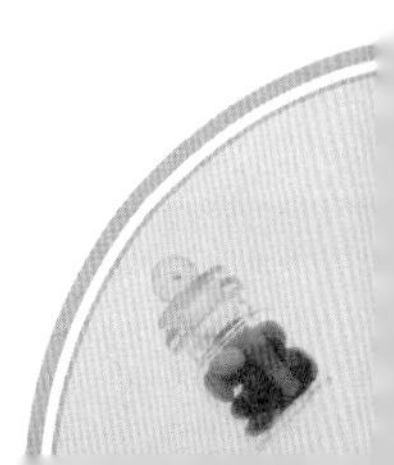

PART 4

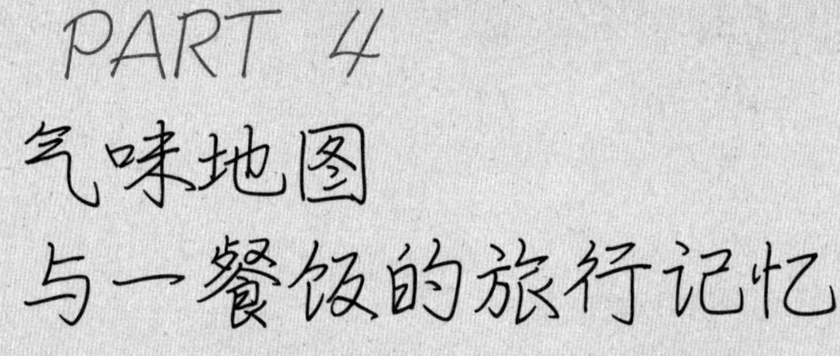

气味地图 与一餐饭的旅行记忆

人机界面
旅行的记忆脐带

依入境地的不同，
一本身体护照，
胃纳各式各样的旅行记忆，
在味蕾里存取各种异国的地道口味。

数味（位）化脐带，美味的传输线

图／梅国瑾

每次旅行，

好奇的胃口就忙着调整时差、出境入境，

随着看不懂的 MENU 和看得懂的食物模型，

大胆点菜、小心品尝，

以免吓到吃惯家常便饭的敏感舌头。

入境随俗，从食物开始。

吃惯台湾的水果豆花，

从这餐起改吃香港“糖朝”的无花果、南北杏、清燉苹果。

吃了 30 年的米，

现在要开始适应很咸的西班牙墨鱼海鲜饭。

台湾难得吃一次很贵的清蒸石斑，

在法国的大餐得吃这道松露白兰地鹅肝冻。

吃过台湾的万峦猪脚，

不妨试试德国口味的香烤脆皮猪脚。

每次在台湾下午必吃的盐酥鸡，

到维也纳换一种新吃法的烤鸡解解馋。

吃到饱的蒙古烤肉，

希腊的沙威玛也可以让你吃得很粗暴。

台湾炒得油香的空心菜，

到意大利得尝尝酸鲜入味、

拌满橄榄油和油醋的大盆田园色拉。

不断旅行，大量接收异国食物的移民，
依入境地的不同，一本身体护照，
像是连一条接收、传送的数味（字）化脐带，
胃纳各式各样的旅行记忆，
在味蕾里存取各种异国的地道口味。
一旦出境经过海关 X 光检查，
行李与胃满满的行囊，都可扫描成一张张可供解析、无色无味的 X 光画面。

回到台湾，我得用在国外拍到的食物照片、偷拿回来的 MENU，来几次精神性的反刍；或是找一家供应外国口味的餐厅，在台湾当起在地的旅客，用味觉思异乡。

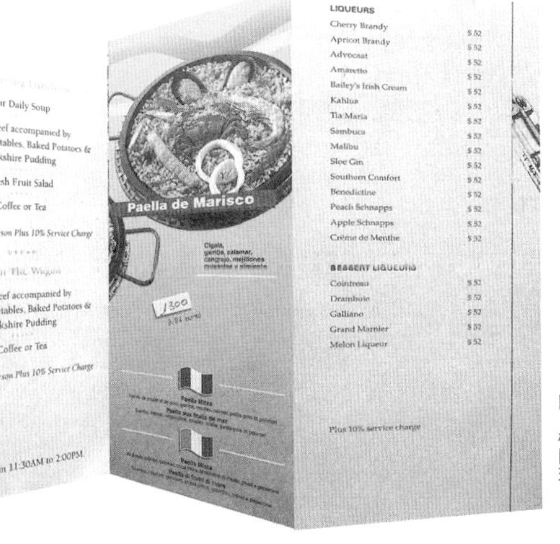

图/梅国瑾

旅行是一种后天混血的过程，
在一个地方待久了，
别说口味，连口音都会变，
超过一个礼拜以上，就会变成那里的人。

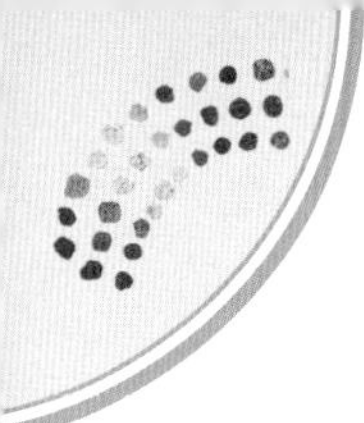

彩虹升起的早餐

草莓红、橘子橙、奶油黄、
奇异果绿、蓝莓、海苔紫，
六种颜色都齐了，
趁灵感刚醒，
就开始画一片白吐司吧。

100—101

现实留不住完美，艺术家吃掉自己的画当早餐，连碎屑都不留。

画/梅国瑾，黄子钦

早晨起来面对一片面包，
把第一道阳光，照在昨晚彩色的梦里，
用画笔画在奶白，或是烤得晕黄的吐司上，
趁新鲜吃下
刚苏醒的灵感。

草莓红、橘子橙、奶油黄、奇异果线、
蓝莓、海苔紫，
六种颜色都齐了，
你可以画希腊暴蓝的天空、
西班牙米白的房子、
挪威长昼的日出、伦敦沾露的草地、
丹麦港边的彩虹、
再飘进几片法国乡村的云……
然后写进一句诗。

一幅吐司的多彩味觉，
吃进肚子里混色，
画糊了，诗也消化了，
有颜色的风景在胃里热闹地反刍，
这能量已足够维持一天朝九晚五
平淡无味的生活。

现实留不住完美，艺术家吃掉自己的画当早餐，连碎屑都不留。

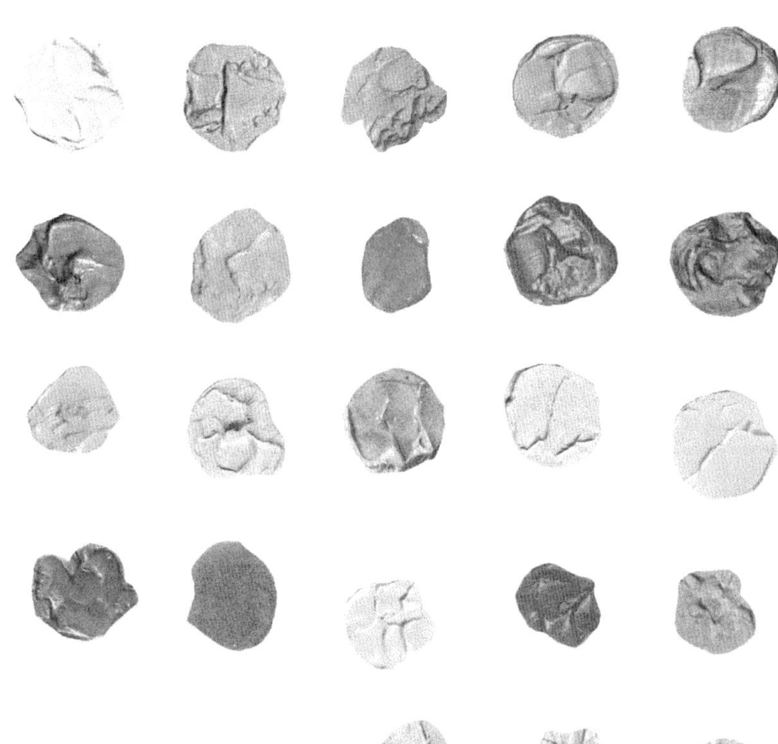

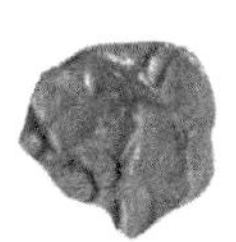

现实留不住完美，

艺术家吃掉自己的画当早餐，

连碎屑都不留，

世人无法去标售他的画，评价他的高低，

他连死都可以把画带走。

艺术要的是革命，而不是堆积，

这样比较环保。

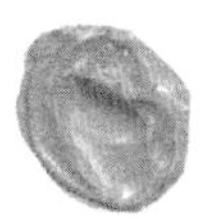

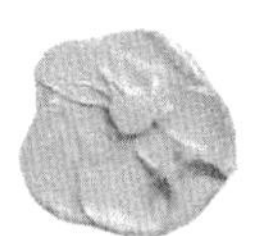

图／梅国瑾，黄子钦

贩卖意大利面的珠宝店

贝壳状的意大利面，
煮好后，弯穴处藏着料，
里面全是番茄蔬菜，
吃素吃得像是在掏食海鲜。

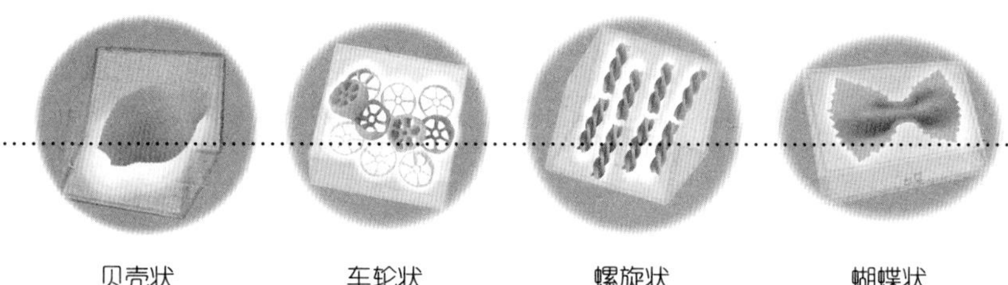

贝壳状　车轮状　螺旋状　蝴蝶状

每次买意大利面时，都该聘请珠宝鉴定师，检验它的纯度，评估它的艺术价值。

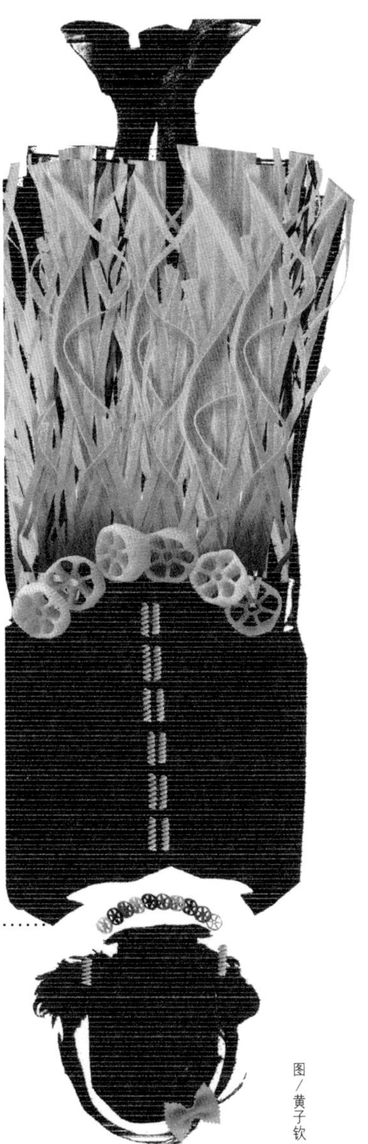

图/黄子钦

到意大利 shopping 时，
看见一家店里透明的玻璃柜中，
珍藏一颗颗小而半透明的对象，
原本以为自己走进一家珠宝店，
后来仔细近看，
才发现这家还配备保全的高档店，
小心陈列的不是七彩闪烁的珠宝，
而是有形有色的意大利面。

意大利面还没下水时，硬而无色无味，
失去光泽却“质”地有声，
单品摆在玻璃柜中，显得格外高贵易碎，
让人只敢远观而不可亵玩焉。

每次买意大利面时，
都该聘请珠宝鉴赏家，
检验它的纯度、光泽与造型，
并要求附上严苛的鉴定书，
保证下水后的五星级口感。

贝壳状的意大利面，
煮好后，弯穴处藏着料，
里面全是番茄蔬菜，
吃素吃得像是在掏食海鲜。

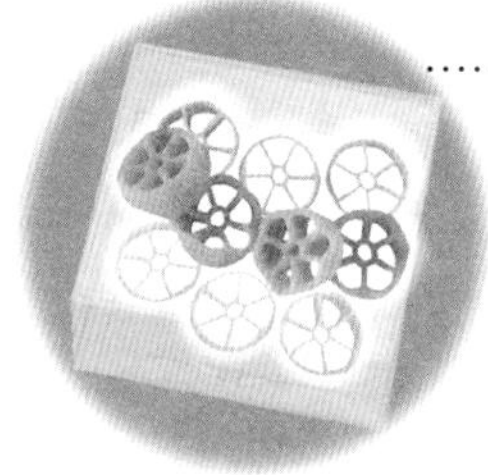

车轮状的意大利面，
结构稳固企图前进，
一整盘塑料色的轮胎，
像是吃进一整个工业革命的加速度。

每次买意大利面时，都该聘请珠宝鉴定师，检验它的纯度，评估它的艺术价值。

螺旋状的意大利面，
犹如吃进一根根不断转进的柔软螺丝钉，
身体的千疮百孔，都填饱了。

蝴蝶状的意大利面，
让你在一餐就吃掉一整个派对盛会上的蝴蝶结；
华服的重要配件都被吃光了，
人变朴素，场面话就会少一些。

至于正常的意大利面条，
一捆捆细线在叉子上自我纠缠，
在身体里依序编织成一匹
自给自足的毯子。

我想用“各式各样未煮过的意大利面”，
装扮自己的念头，
最早是从威尼斯嘉年华会开始。
省去村上春树式煮意大利面的工夫，
应该有足够的时间，
把自己弄得秀色可餐吧！

图/黄子钦、梅国瑾

酗鸡精的旅行者

我的行李箱内，
装了与旅行天数一样多的鸡精。
去的时候占了半个箱子，
随着天数喝掉的行李空间，
就腾给
刚 Shopping 采买的新家当。

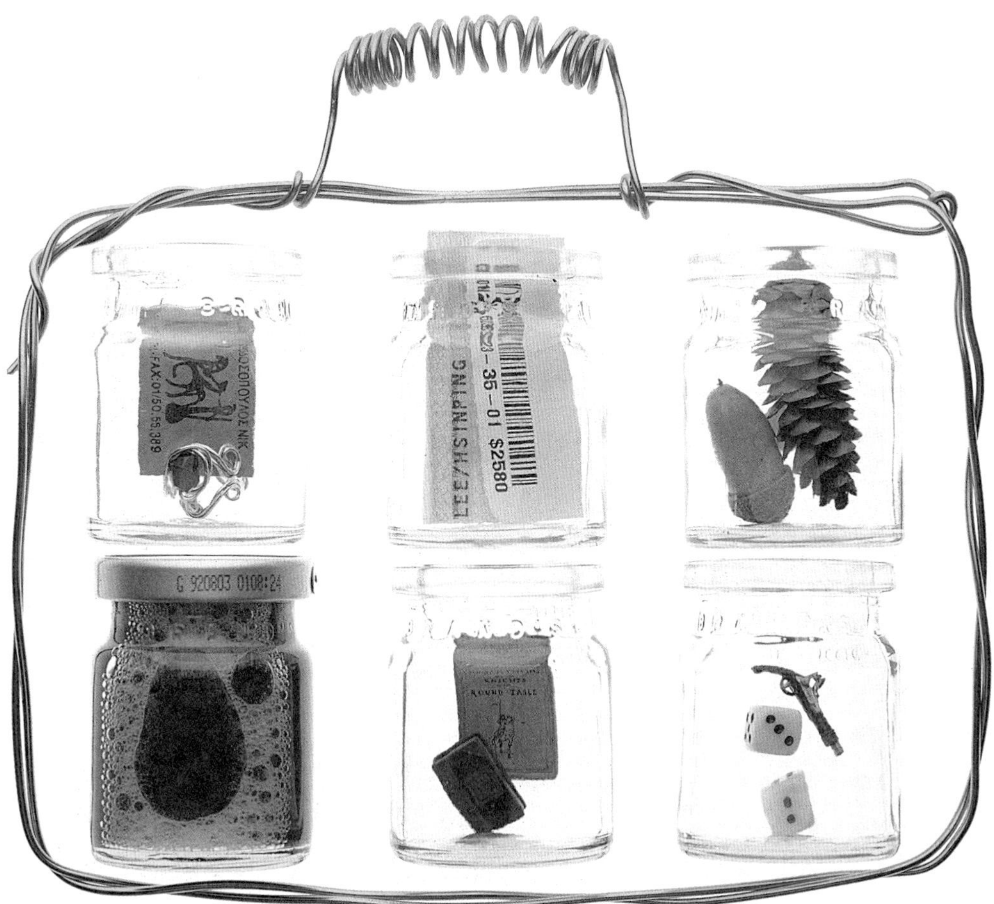

图／梅国瑾、黄子钦

酗鸡精的旅行者

我不喝酒、不吸烟、没有瘾，
但我迷恋旅行，而且酗鸡精。

身体很差的我，
爬个楼梯就手软脚软，
冷了感冒，热到就中暑，
琼瑶女角式的弱不禁风，
连创作都是斜躺在床上，架起小桌子写的。

旅行就不一样，
无论多长程的飞行，
我一落地就调成当地时差，
能一人背 10 多公斤的背包，
兼拖二三十公斤的行李，
赶火车、飞机……
我的速度快到像是要拿金牌。

我可以在几分钟内，
冲到西班牙圣家堂的尖顶，
还回头带失散的同伴再次登高……
一天走 16 个小时，不渴不累不饿，
比骆驼或是快递员还能走透透，
我想到的地方，
不论天涯海角，一定到得了。

图／黄子钦

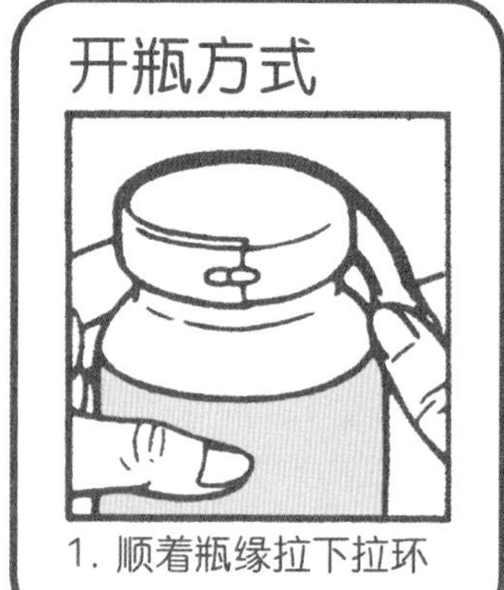

打开我的行李箱，
你就会发现，除了坚强的意志力、
一块打通全身血脉的经络板外，
还有一个瞬间强壮的秘密——
我的行李箱内装了
与旅行天数一样多的鸡精。

去的时候，
这些补汁占掉了半个行李箱，
随着天数喝掉的行李空间
就一一腾出来给
刚 Shopping 采买的
女巫百科全书、祭典音乐、长靴、
中国字抱枕、陶罐、面具、鸦片枪
及存满相片的移动硬盘。

行李满满地去、满满地回，
旅程结束时，身体练好了，
精神也饱满了。

这就是我基于
生存、生理与精神的缘故，
一年必须出国六次的理由。

我不喝酒、不吸烟、没有瘾，但我迷恋旅行，而且酗鸡精。

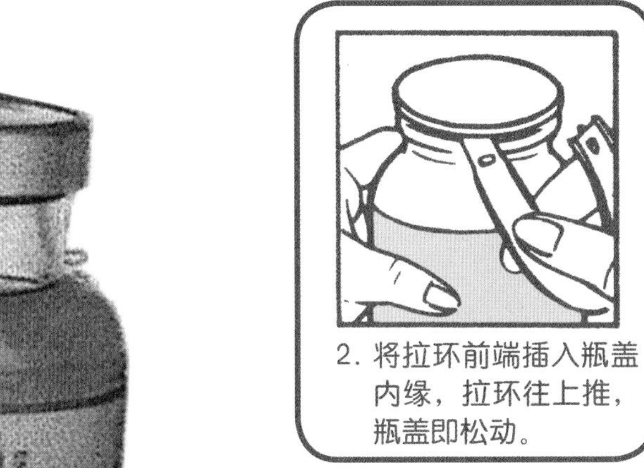

一罐 40-50 块的鸡精，
换国外多走一天 8 小时的精力，
折算长途机票、住宿，
非常划算。

图/黄子钦、梅国瑾

有人说我如此酗鸡精是病态的，
其实我是速食健康，
以最巅峰的状态去旅行……
可以在瑞士少女峰零下 40 度里玩雪仗，
可以在希腊 40 度正午逛神殿，
这些都是视我为病入膏肓的医疗师，
在台湾绝对看不到的
我的人格另一面。

滔滔不绝的幸运饼

想象幸运饼里面会有一台
小小的微电脑芯片打字机，
饼一咬开，
它就滴滴答答开始打
一首徐志摩的爱情长诗。

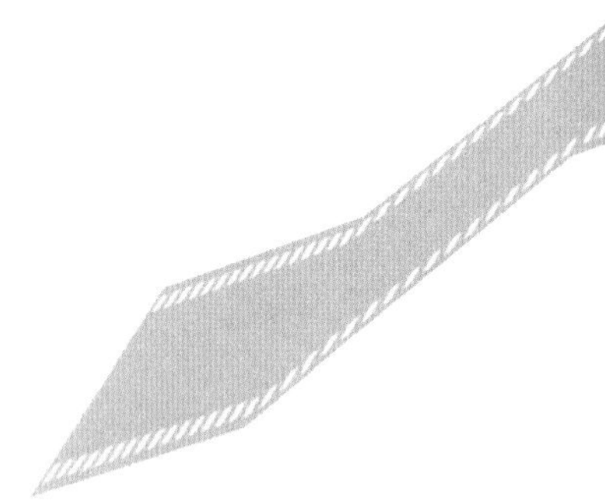

收到幸运饼之后，加盐，存成干粮，以维持一季很饱的精神冬眠。

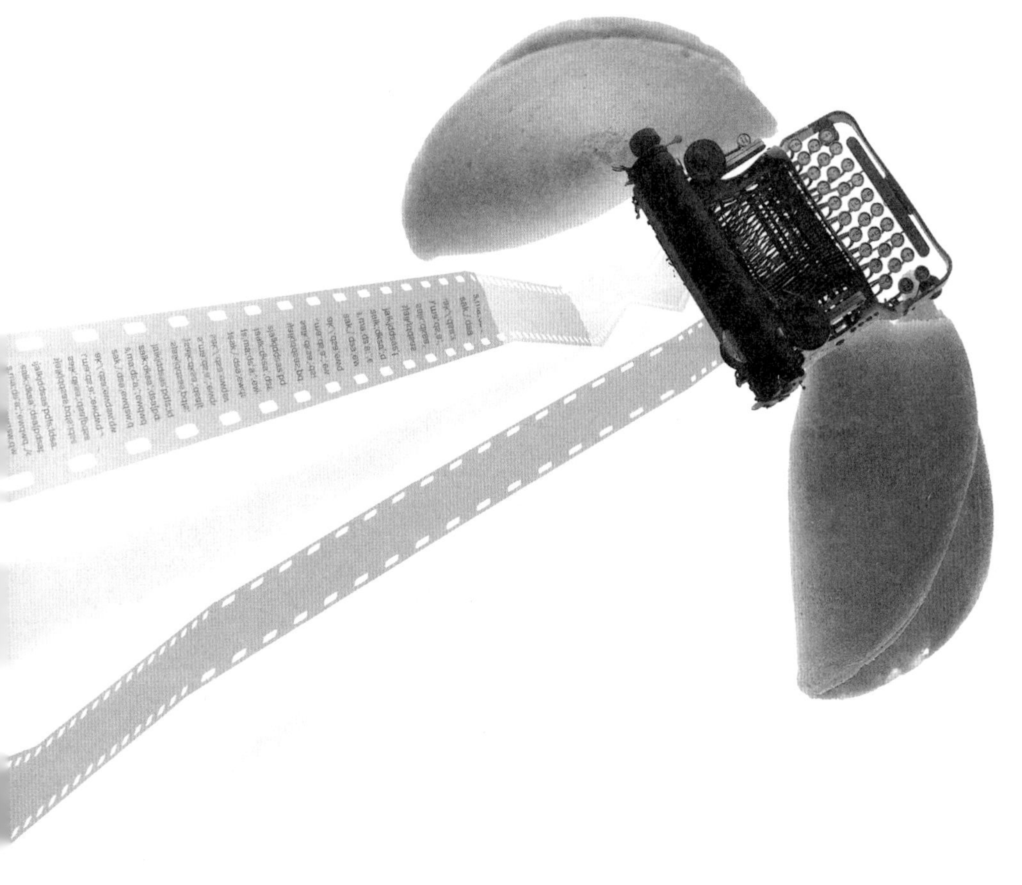

图／梅国瑾、黄昭文

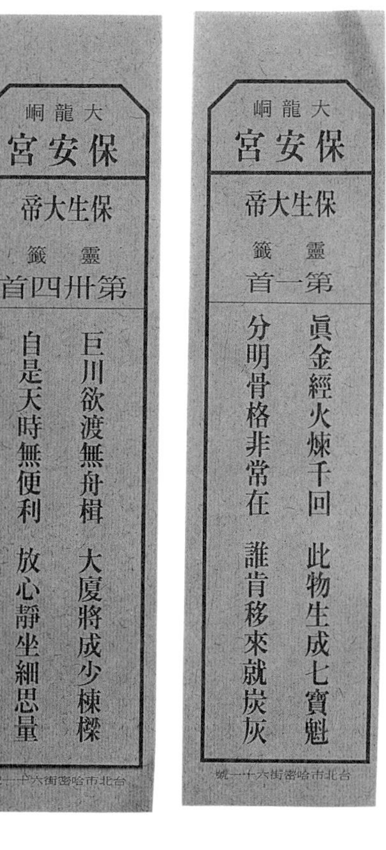

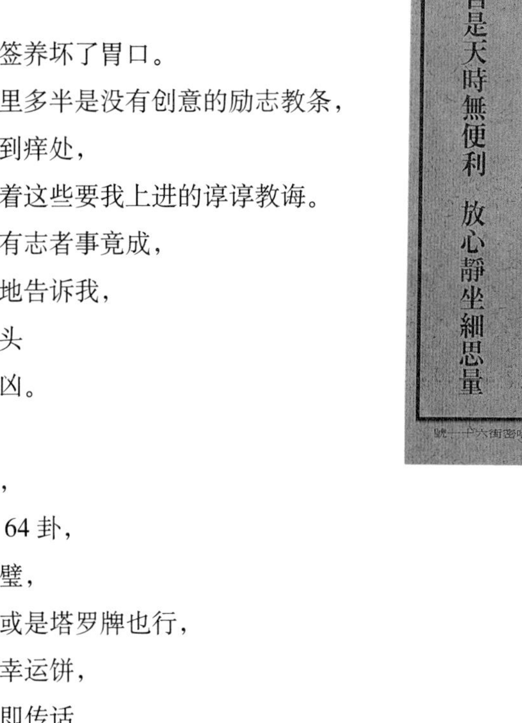

在欧美的中国餐厅，用餐完毕
多半会附赠一盘 Fortune Cookie
幸运饼。

除了看看自己的，也一定与别人交换
比较今天的命谁比较好。

我被庙的灵签养坏了胃口。
看到幸运饼里多半是没有创意的励志教条，
总觉得搔不到痒处，
很失望地看着这些要我上进的谆谆教诲。
与其告诉我有志者事竟成，
还不如实际地告诉我，
明天大难临头
怎么趋吉避凶。

或者放庙签，
或是放易经 64 卦，
要不中西合璧，
放星座运势或是塔罗牌也行，
都比原来的幸运饼，
多了上天立即传话、
神谕现实报的戏剧感。

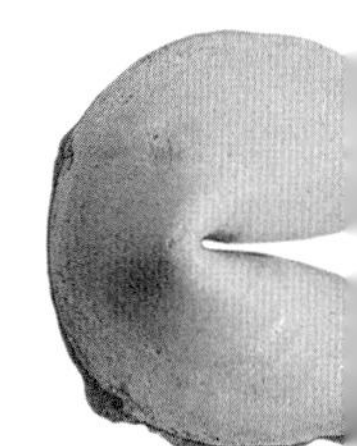

收到幸运饼之后，加盐，存成干粮，以维持一季很饱的精神冬眠。

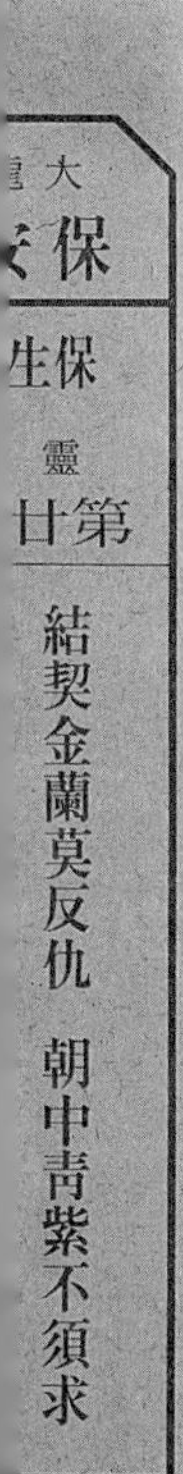

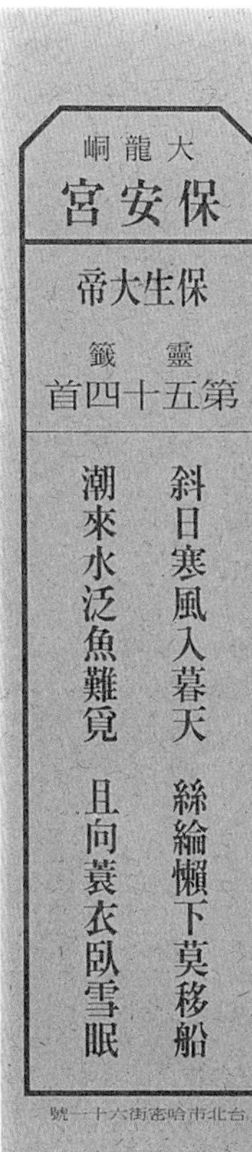

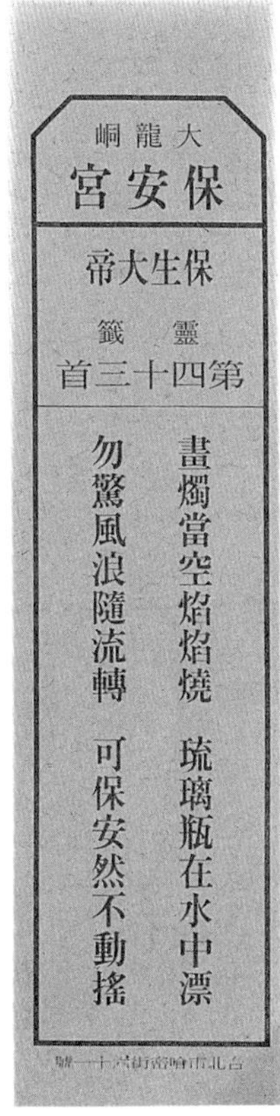

图／梅国瑾、黄子钦

我更想象幸运饼里面会有一台
小小的微电脑芯片打字机。
饼一咬开，
它就开始滴滴答答打：
一首徐志摩的爱情长诗、
金庸最紧张的几个过招章节、
惊悚的侦探小说、
看电子报副刊并收几封 e-mail，
或是刚从作家计算机上
下载最新的小说连载，
对身为迷信而且死忠的读者而言，
这才能叫 Fortune Cookie。

收到幸运饼之后
加盐
腌晒诗文证据。
存成干粮
以维持一季
很饱的精神冬眠。

飞机食物改造计划书

我想要一架美食飞机，
依各国风情餐来分舱别：
法式舱、中式舱、日式舱、泰式舱……
每舱配有该国最高评鉴的料理主厨。
这些到天上才能享受的各国美味，
都是旅客食髓知味
霸机的借口。

旅客吃得尽兴过瘾，就舍不得下飞机。美食就成了旅客食髓知味，霸机的借口。

图／梅国瑾、黄子钦

所有的旅行者都受够了
飞机上的食物。
尤其是长程旅行，
蜷在机舱狭小的空间，
餐桌顶到肚子，脚碰到前椅背，
只能正襟危坐吃着
蒸成怪味的牛肉饭。

多数的人不是因饿而吃，
要不就是猛喝可乐、果汁，
大灌帮助昏迷的苦红酒……
努力撑饱
委屈十多小时却想借旅行自由的身体。

我想要一架美食飞机，
依各国风情餐来分舱别：
法式舱、中式舱、日式舱、泰式舱……
每一舱都配有该国评鉴最高的料理主厨。

在法国舱可以吃地道的法式大餐，
法裔 waiter 依你的时间上餐，
有餐前酒、前菜、主食、饭后甜点，
吃完一餐，前后要两个半小时。

在中式舱上，
你可以请前座两位转过来，
吃四川合菜、酸菜白肉锅，
或是港式小笼包、汤包、萝卜糕、肠粉，
让你在飞机上就找到共吃一盘菜的换帖伴旅。

旅客吃得尽兴过瘾，就舍不得下飞机。美食就成了旅客食髓知味，霸机的借口。

在泰国舱不仅享受辛辣酸甜十足的料理，还有通体舒泰的泰式按摩、指压，让你在飞机上过足全身里外都被伺候的皇族瘾。

在意大利舱则是坐在设计感十足的现代家具上，看着很时尚的顶尖名模空姐，一边听歌剧，一边优雅用餐。

在日式舱则可以观摩大师现场捏握寿司的技术，并在第一时间，入口即化最好的黑鲔鱼肚滋味。

另外还有自助料理舱，首先自己在飞机上的空中市场采买后，
预约一格厨房炉火，自己料理独特的餐点；
不想改变口味的，就带妈妈一起去旅行。

用餐时间的前两小时，请你到想吃的美食舱坐好。等候上菜的时间，
还可以欣赏该舱特别播放的当地传统音乐、电影、戏剧或是电视节目 Show。
不论你去哪一国，只要坐上长程的美食飞机，胃就有环游世界的兴致，
愿意陪你劳苦奔波吃遍五大洲。

我不想再忍受饲料口感的飞机餐。
真正难忘的旅程，是从一上飞机享受各国的美食开始。

旅客吃得尽兴过瘾，就舍不得下飞机。
这些到天上才能享受到的各国天堂美味，
都是旅客食髓知味
霸机的借口。

图／梅国瑾、黄子钦

完美主义者的市场

到各国的市场，
就像进别人的厨房，
这一家人的嗜辣喜甜、
特殊用餐癖好、饮食习惯、口味，
外地人一目了然。

配色好看的市场陈列，价格手写得很有气质，你无法对一个完美主义的老板杀价。

HAHÚS
BIRKAHÚS
TÖLTÖTT ÁRUK SZALONNÁK

124—125

配色好看的市场陈列，价格手写得很有气质，你无法对一个完美主义的老板杀价。

欧洲的腌肉、硬面包、冷色拉吃久了，
也想找个熟悉的蔬果摊
补充维生素 C。

喜欢看他们干干净净的市场，
肉没有血水，鱼闪闪发亮，
条条块块地整齐放着，
完美得像食物模型区。

各色鲜艳无瑕的水果，
像上过标准色的漆，
给人多汁的预感。

有些未曾谋面的品种，
让我完全无法想象它的味道，
只能用记忆中最雷同的台湾水果形貌，
揣测它的甜度。

图／李欣频

配色好看的市场陈列，
价格也像书店标价那样
手写得很有气质，
你无法对一个完美主义的老板
杀价。

西班牙艺术家群聚的兰布拉大道旁，
市场里除了蔬果外，
还兼卖很多袋装的、艺术家用来补充
寂寞灵感的糖果。
希腊圣特里尼的路边小蔬果摊，
很多不知名的香料成串，
像彩色鞭炮似的挂在屋檐，
庆祝即将到来的美味相聚。

布达佩斯最大、
挑高像 Shopping Mall 的中央市场，
多半卖肉、鹅肝酱、腌肠，
辣椒和大蒜也避邪式地挂在顶上。
这是一个大鱼大肉、
风味与食物丰足的地方，
让一个个匈牙利人富裕饱满。

图／李欣频

126—127

配色好看的市场陈列，价格手写得很有气质，你无法对一个完美主义的老板杀价。

布拉格的露天市场，

兼卖很多玩偶、卡通衣架、手工项链和吊挂巫婆。

他们把现实的市场，

摆成一个爱飞行与想象的国度。

到令人心动的货色，

还得换算重量单位与汇兑币值，

才能决定采买的量。

我通常是把身上沉甸甸、搞不清楚多少的零钱，

凑换成一袋樱桃、一小盒草莓，

或是一棵蜜瓜，用清水洗成

最新鲜的零嘴。

到各国的市场，

就像进别人的厨房，

这一家人的嗜辣喜甜，

特殊用餐癖好、饮食习惯、口味……

外地人一目了然。

PART 5
狂欢的味蕾
情节上瘾症
130
麦芽糖的琥珀概念
134
零下 18℃的台湾小吃

麦芽糖的琥珀概念

美丽如宝的麦芽糖，
效法起琥珀收藏蚊虫的荤食习惯：
麦芽糖中间包起小鱼干、
小虾米、小螃蟹、小墨鱼、吻仔鱼……
做成一条可甜食海鲜的
琥珀项链。

美丽如宝的麦芽糖，应该效法琥珀有历史的、乐于收藏蚊虫之美的荤食习惯。

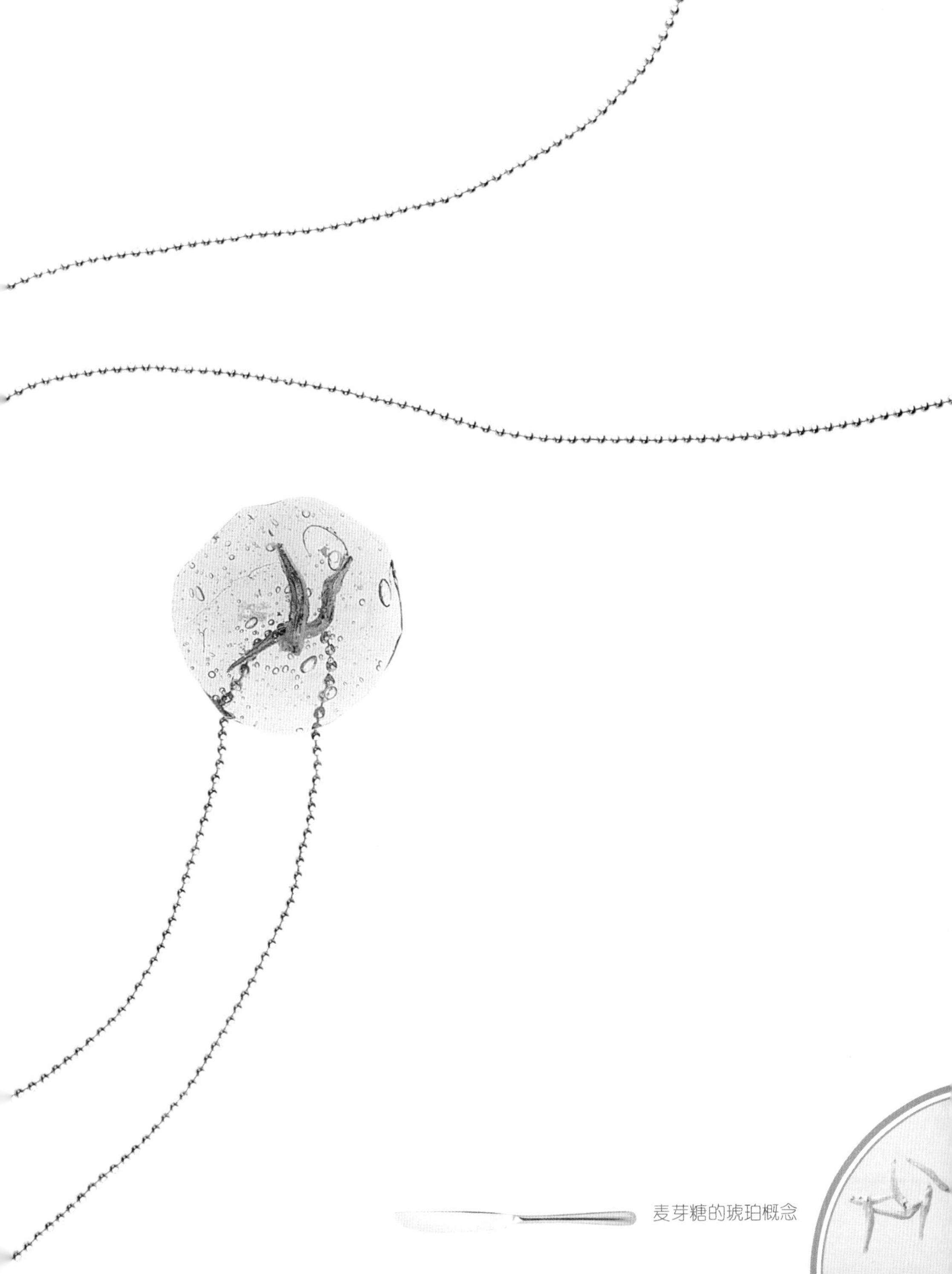
麦芽糖的琥珀概念

我喜欢麦芽糖，从小至中年。
以前是示乖讨糖，
现在则是赚钱买来取悦自己。

我会在便利商店采买完当天的必需品后，
在收银台旁奢侈地抽一支
甘尽酸来的麦芽糖，
让自己舔一整晚的满足。

麦芽糖的颜色，
在日光灯下最美。
我总是先凝视它半透明的构造，
然后一一舔掉它的光泽。

老是舔得不够均匀，
扁圆形的糖，
最后 3 分钟离开支线，
倾国倾城地开始摇摇欲坠。
我只好让它离开视线，
整块含进嘴里，用舌头感觉它的
慢慢失去。

剩下那一粒有点梅肉的核，
像最后的告别式：
啃一啃，酸透整个脸颊和心之后，
再拿去花园里埋起来。

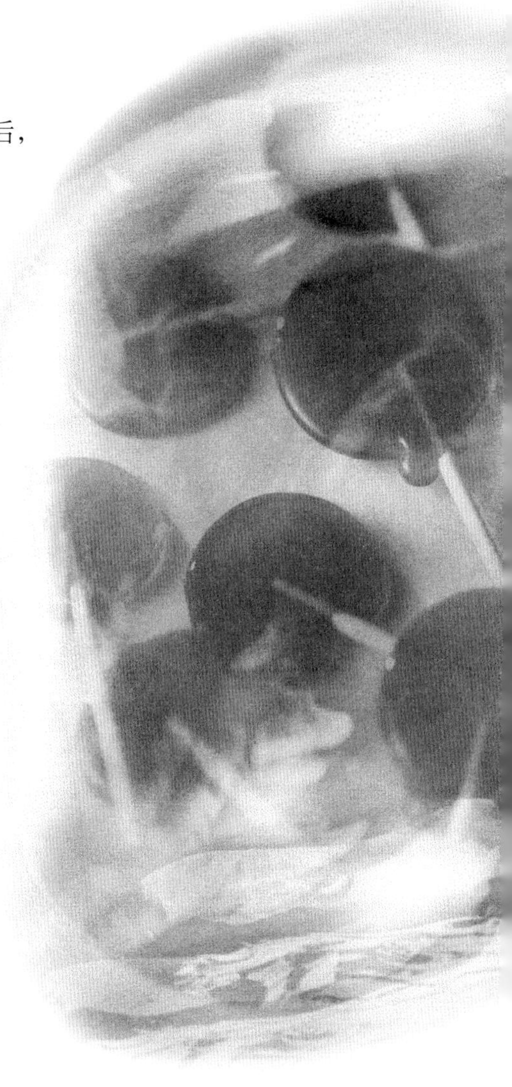

美丽如宝的麦芽糖，应该效法琥珀有历史的、乐于收藏蚊虫之美的荤食习惯。

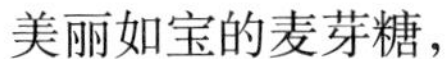

美丽如宝的麦芽糖，
应该效法琥珀有历史的、
乐于收藏蚊虫之美的荤食习惯：
麦芽糖中间
可以包更多的口味：
小鱼干、小虾米、小墨鱼、小螃蟹、吻仔鱼……
这一条仿琥珀可甜食的海鲜项链，
小心，
挂在胸前，它还会招黏活的
蚊蚊飞虫。

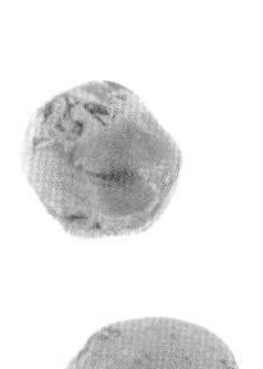

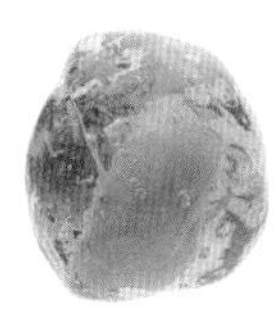

咬碎琥珀
吞食它凝固的生物，
应该是一位嗜肉的考古学家
不可自制地犯罪行为，
破坏并消化古迹，
以湮灭天价而好吃的美丽证据。

零下18℃的台湾小吃

中式口味的冰淇淋，

让吃补不再是吃苦。

一球麻油鸡冰、一碗苦瓜冰、一粒高丽参冰，

最后再加一杯金门高粱冰……

冷得唇寒齿颤，全身却被这些药味

滋补地热了起来。

零下18℃的台湾新口味，让我们能在夏天零下的消暑温度，吃到冬天的温暖口味。

图／梅国瑾、黄子钦

图／梅国瑾、黄子钦

零下 18℃的台湾新口味，让我们能在夏天零下的消暑温度，吃到冬天的温暖口味。

武昌街、延平南路口，四十多年历史的冰店，
老板是一个善于改造现实口味的
发明家。

我们在他的冰品单上，
不只是西瓜、草莓、巧克力的国际口味，
身为台湾人，
还能选择猪脚、麻油鸡、肉松、豆腐、苦瓜、
姜汁、金门高粱、当归、六年生高丽参……

中式口味的冰淇淋，让吃补不再是吃苦。
吃一球麻油鸡冰、一碗苦瓜冰、
一粒高丽参冰，最后再加一杯金门高粱冰……
冷得唇寒齿颤，全身却被这些药味
滋补地热了起来。

这家名叫“雪王”的奇特冰店，
比欧美冷艳华丽的冰品，
还多了热腾腾
祖母熬炖的在地人情味。

我也期待老品还会继续
零下18℃的台湾新口味：
麻辣火锅、羊肉炉、蚵仔面线、
大肠煎、臭豆腐、盐酥鸡、
葱油饼、铁板烧、红烧牛肉面……
让我们能在夏天零下的消暑温度，
吃到冬天温暖的口味。

灵肉合一的电影院

常常看到入戏出神，灵魂忘了回来。
在电影院吃东西，
是我与现实唯一且喂养式
的连接。

138–139

选对食物看电影，会增加你入戏的程度。电影中的食物，会帮你有效地吸收电影情节。

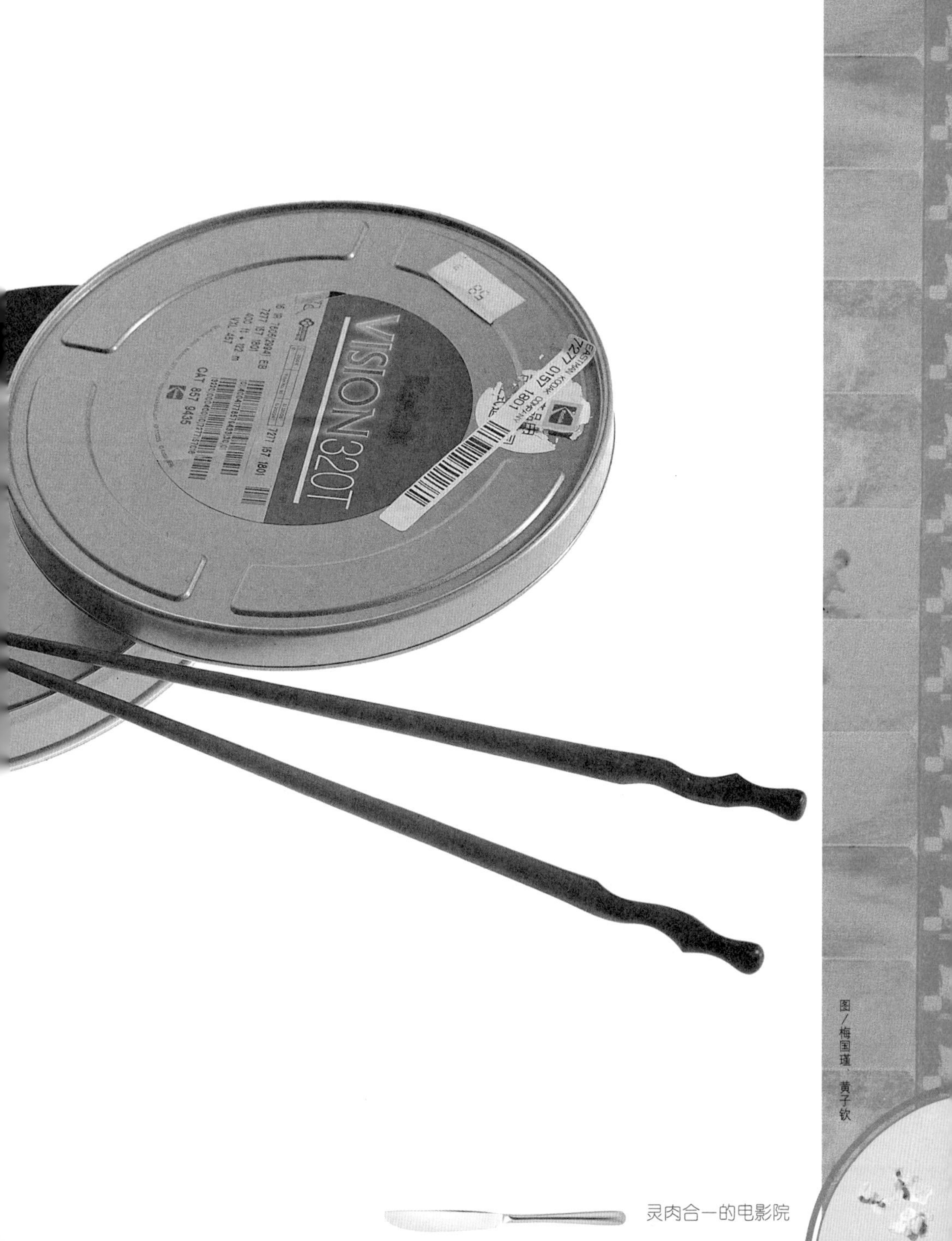
VISION320T
EASTMAN KODAK COMPANY
7277 0157 1801
CAT 857 9435

图／梅国瑾、黄子钦

在电影院里神游
日本幕府时代的大宅大院。
在电影院里信仰
“医院风云”的丹麦生死观。
在电影院里期待
西班牙阿莫多瓦式的鲜花与热吻。
散场后，
我在等候一个
村上春树笔下的人造卫星情人，
像电影《迷走爱情》里的痴心男子：
他放弃一切，在希腊失踪，
为的只是要浪漫地
考验爱人的思念……

常常看到入戏出神，灵魂忘了回来。
在电影院吃东西，
是我与现实唯一且喂养式的连接。

一年平均看 200 多部电影的我，
每逢影展，都是长驻在电影院里
吃三餐：
麦当劳松饼早餐加可乐。
中午吃 5 个 10 块的握寿司
及便利商店的大亨堡。
下午场就配老天禄的鸭舌，
一杯鸦片粉圆
和戏院里的爆米花。

午夜场结束，买一盒
西门町的大肠煎和几串烧烤当宵夜。

三餐不离其宗的高热量垃圾食物，
是我接收长达 14 小时、
大量而沉重的心灵影像
所需的体力。

此外，选对食物看电影，
会增加你入戏的程度：
边看《荆轲刺秦王》的血肉模糊，
边吸肯德基的腿骨。

边看肚开肠流的《拯救大兵瑞恩》，
边撕咬鸡心和辣鸭肠。

看《爱你九周半》时，
边吃番茄加蜜饯，就能特别感觉滋味。

这样看电影，让你在一般人视听之外，
还多了嗅、触、味等
身历其境的效果。

140—141

25

选对食物看电影，会增加你入戏的程度。电影中的食物，会帮你有效地吸收电影情节。

散场后，
有感染力的导演，还会让你对下一餐饭
有特别的食欲灵感：
看完《欲望之翼》，
买了两只鹅翅希望吃进飞翔的能量。

看完《芭比的盛宴》，
吃法式大餐并目睹整个料理的过程。

看完《饮食男女》，
决定在圆山饭店办满汉大餐级的结婚喜宴。

看完《巧克力情人》，
一个人在非生日期间吃掉了一整座
10 寸的黑森林巧克力蛋糕。

电影中及电影后的食物，
会帮你有效而深刻地
吸收电影情节。

图/梅国瑾、黄子钦

我期待一家
一边播映一边供应
与剧情相关的饮食，
很灵肉合一的
电影院。

夜市美食决策单

切仔面来了，先吃两口，配两块鲨鱼烟，
再起身到对街，
拿老板叫好的烤猪肠和葱烤猪肉卷，
顺便端一碗滋补的土虱汤回来……

这些来自四面八方的美味，全都在桌上排排放，
组成四步骤的进食程序：
一口汤、一口烤串、
一口油滑带劲的面、一口鲨鱼烟。

住在不断炊的夜市旁边，比家里有自己的御用厨房、厨师，更有被善待的口福。

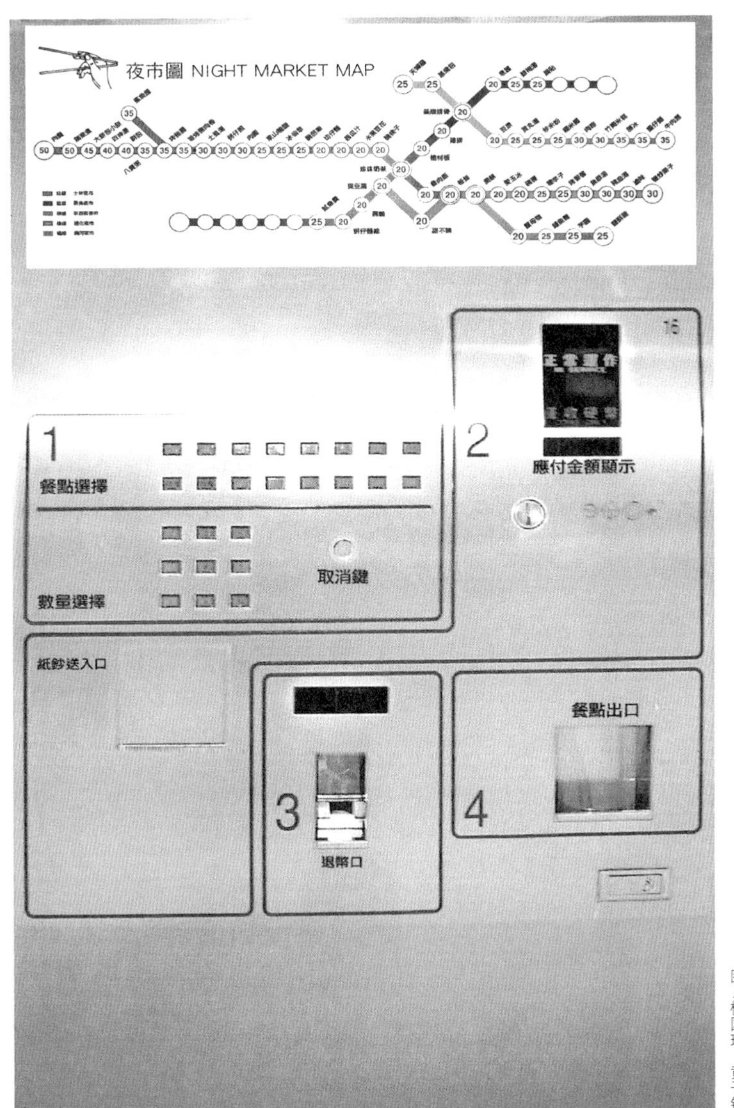
夜市圖 NIGHT MARKET MAP
1
餐點選擇
數量選擇
取消鍵
2
應付金額顯示
紙鈔送入口
3
退幣口
4
餐點出口

图／梅国瑾、黄子钦

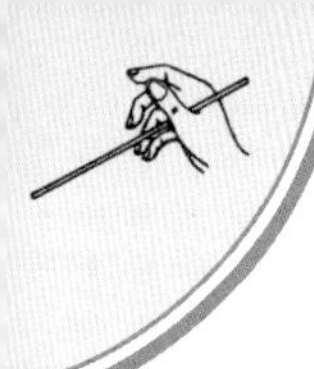

每次到北投洗完温泉，
最期待的就是到北投夜市
暴饮暴食。

为了不造成遗珠之憾，
先在夜市来来回回走一遭，
然后根据初步印象，分层决策：

主食三选一：想吃蚵仔煎，肉圆也行，
切仔面也不错。

配食二选一：好久没吃烤猪肠，
也想喝甘甜带卵的土虱汤。

配菜二选一：每次必点鲨鱼烟，
但这次要不要改试东山鸭头，
实在是很天人交战。

饮料二选一：想喝现榨果汁，
但这种天气，冰仙草也很诱人。

甜点多选一：
想吃腌番石榴、桃子。
虽然听说腌品会致癌，
但偶尔吃一次应该没关系。
这个部分，决定吃完主食
再做最后定夺。

备案：
如果实在怕早死，
改吃水果豆花就比较没有争议。

历经几番挣扎与割舍，
依据想吃的程度，
搭配“平日吃到的困难度”之
加权指数，
最后确认一下
这些南辕北辙的口味彼此合不合，
在心里排定最终的 Menu 决策单，
并规划采买行程：

先去点烤一支脆猪肠及葱猪肉卷，
然后转身去叫一碗干切仔面。
趁烤肠还没好，面还没来，
到另一摊端一盘
冰凉皮韧的鲨鱼烟过来。

面来了，先吃两口，配两块鲨鱼烟，
再起身到对街，
拿老板叫好的烤肠烤肉，
顺便端一碗滋补的土虱汤回来……
这些来自四面八方的美味，
全都在桌上排排放，

住在不断炊的夜市旁边，比家里有自己的御用厨房、厨师，更有被善待的口福。

组成四步骤的进食程序：
一口汤、一口烤串、
一口油滑带劲的面、一口鲨鱼烟。

终于贪心地同时结束四摊的招牌口味，
然后散步走进夜市巷里，
浏览完所有的当季水果，
考虑现在的体热程度，
决定点一杯现榨的西瓜汁陪我边走边逛。
逛到巷底，西瓜汁也喝完了，
就坐下来吃一碗不加冰的水果布丁豆花。

这种日本“电视冠军式”的自杀吃法，
一吃起来就不肯认输。
满满的肚皮还不舍地带了一两包腌水果，
回饭店再继续努力。

每次在国外吃冷食吃到快崩溃，
就会在脑海中 Repeat 这段
夜市里长达一个半小时
饮食宴乐的过程：
众多选择，自主配菜，
各家最拿手的地道招牌美味，
组成我今晚最完善的 Menu，
不必屈就一家好吃的面店
却不好吃的小菜。

林林总总的夜市美食决策单，
加起来一人一顿才 30 元，
比 110 元的欧式自助餐，
或 160 元的豪华套餐，
更让人汗流浃背地直呼过瘾。

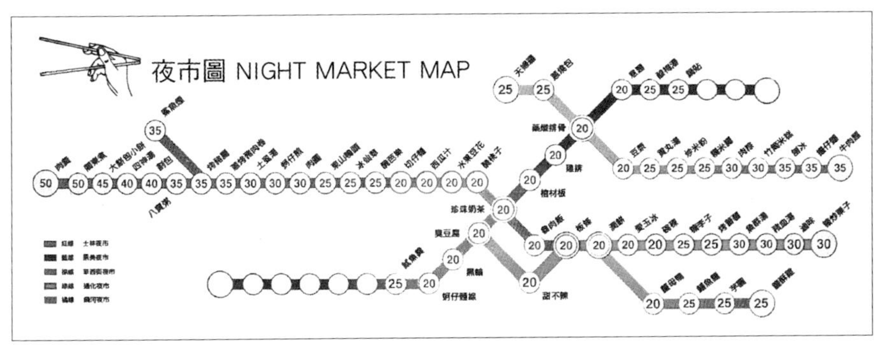

图／梅国瑾、黄子钦

住在不断炊的夜市旁边，
比家里有自己的御用厨房、厨师
更有被善待的口福。

山珍海味的父爱

朱自清从手中的橘子感觉父爱，
我则是在天母大大小小的高级餐馆中，
从山珍海味里，
品尝极贵而美味的父爱。

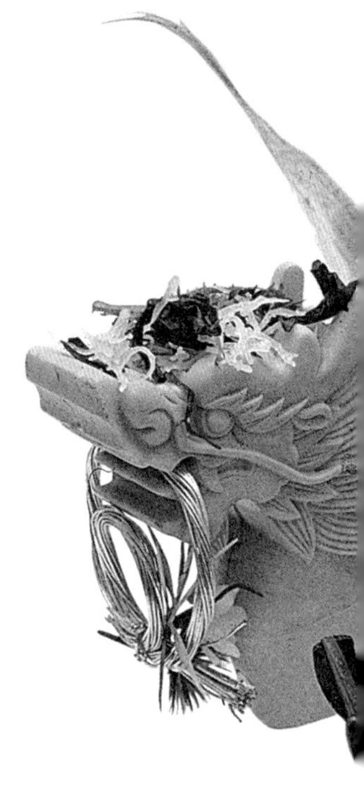

爸爸虽然不会做菜，却都选最好的餐厅，以表示一周以来，他量少质精，最贵的父爱。

图／梅国瑾

朱自清从手中的橘子感觉父爱，
我则是在天母大大小小的高级餐厅中，
从山珍海味里，
品尝极昂贵而美味的父爱。

高岛屋顶楼的日本料理、新光三越的泰国菜、
德行东路上的海鲜餐厅、忠诚路上的铁板烧……
我们一家四口各自排除万难，
在每周六晚上固定吃饭。

一周聚一次的时光很宝贵，
爸爸虽然不会做菜，
却都选最好的餐厅，
叫最贵的套餐，
有专人的服侍、配菜的优雅排场，
丰足地喂养我们姐弟，
以表示一周以来，
他量少质精，最贵的父爱。

爸爸的权威，从决定餐厅开始，
然后决定座位、决定菜色。
但他总是细心地记得：
弟弟爱吃牛肉，
我每餐必定要汤、要甜点、特爱吃炒腰花，

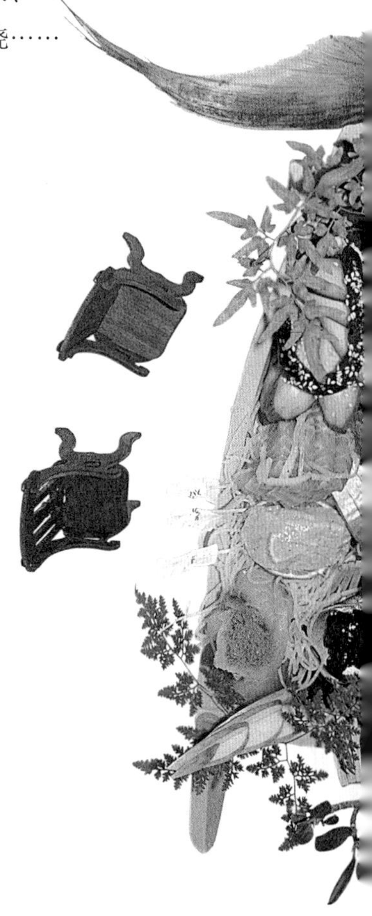

爸爸虽然不会做菜，却都选最好的餐厅，以表示一周以来，他量少质精，最贵的父爱。

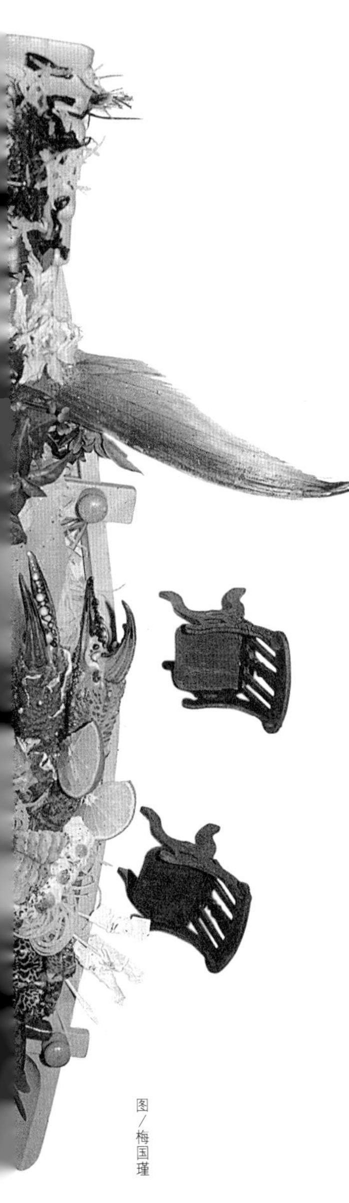

妈妈不爱油炸和高胆固醇的海鲜，
以及得帮家里的狗带一碗热腾腾的白饭……

爸爸乐于带着他的一双儿女外食，
让别人看到我们全家幸福团圆的模样，
其实大部分的时间，
我们都是聚少离多。

我们在餐桌上扩大一个礼拜最快乐的事，
谈天下政事八卦、
谈自己的成绩成就、谈光明的未来。
我们在这么昂贵的餐桌上，
向来都是报喜不报忧。

思念从舌头开始——
永远过饱的精致美食，
真的足够我们消化一整个礼拜
想家的食欲。

向来给我们很多很多的爸爸，
让我们在父亲节，很难
决定送他什么礼物。

该好好请爸爸吃顿饭吧，
我很没创意地这么想。

图／梅国瑾

避难天堂，超市部落

如果警报响了，
我不会选择一无所有的防空洞，
而会直奔最近的超市，
衣食无虞地躲起来。

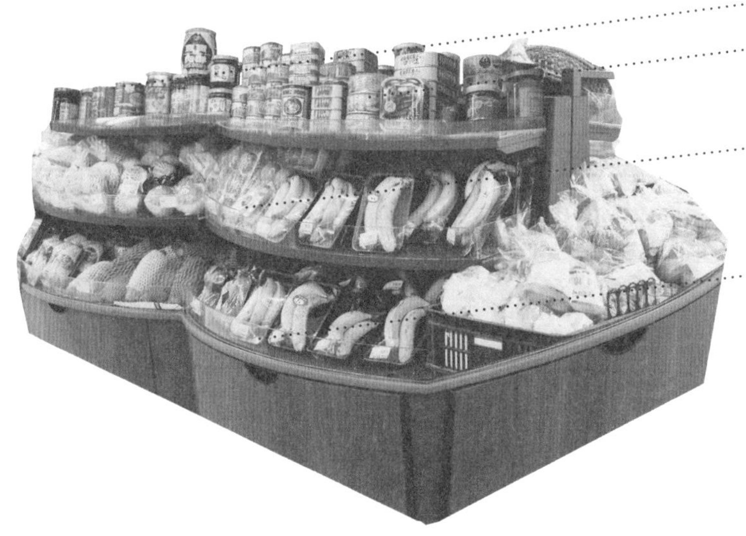

超市在战时变成一艘专避人祸的诺亚方舟，你必须随时与它保持最快的保命距离。

SUPER-FREEZER
ABチーズ
CRAB
American Caesar
Real THAI
Real THAI
Real THAI
279
279
75
85

黄子钦、梅国瑾

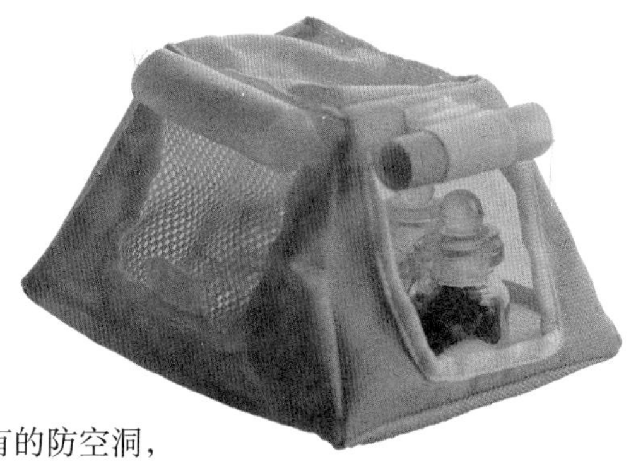

如果警报响了，
我不会选择一无所有的防空洞，
为了能再苟延残喘一阵子，
我会直奔最近的顶好地下超市，
衣食无虞地躲起来。

什么都有的超市，
提供茶来伸手、饭来张口的安全感，
光水饺就有好几种牌子，好多种口味，
只要大难不死，眼前的后福就够你挥霍个几天有余。

第一天住进超市，
先选个粉色的软垫及薄被，
好好地睡个觉，
醒来拆一瓶矿泉水解渴。
趁发电机还有电，
煮个小火锅，鱼饺、蛋饺、花枝丸、茼蒿、肉片丰足，
饭后还有水果，及各式甜点饮料自取。

超市在战时变成一艘专避人祸的诺亚方舟，你必须随时与它保持最快的保命距离。

在冰棒还没融化、敌人还没发现你之前，
你还可以享受好几口的幸福。
没事看看昨天过期、和平得不知人间疾苦的报纸，
顺便拿保养品帮脸美白。

如果避难的人多，就每家人各占超市货架一排，
比方占领罐头区的张家，可以和占领饮料区的李家，
交换食物和邻居情谊，
每一排都自成一个专门的食物部落，
以物易物。

为了维持生存的绝对优势，
利益得以最惠国交换，
例如水的部落与食物的部落之间，
家族联姻是必要的。

超市在战时变成一艘
专避人祸的诺亚方舟，
你必须随时与它
保持最快的保命距离。

图/黄子钦、梅国瑾

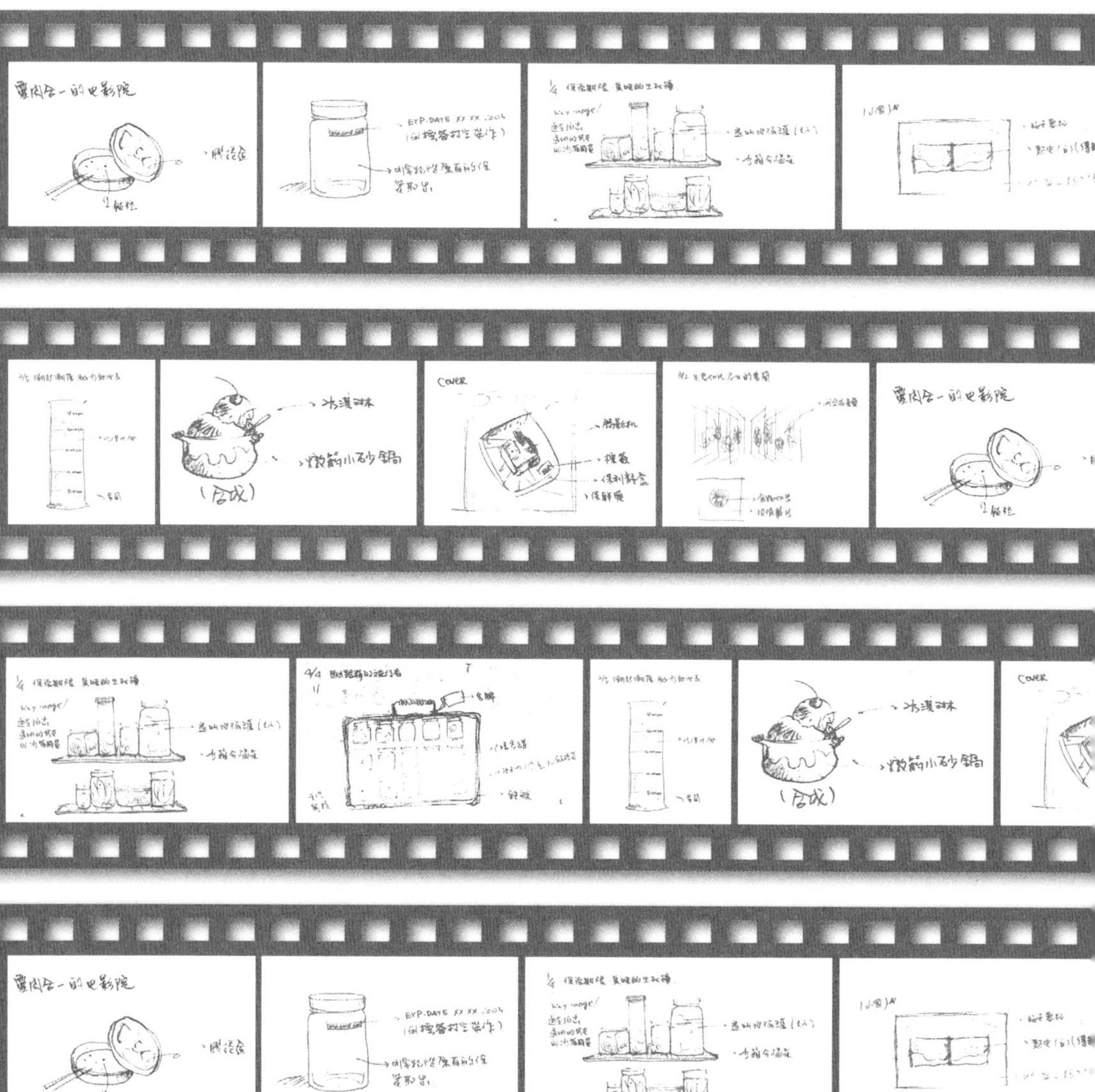

154–155

附录 电影中的美食

文字：李欣频　插图手稿：梅国瑾

前言·前菜

吃饭天天吃，但我对美食的启蒙与书写，不是在厨房，而是在书房和电影院中开始的。

从《芭比的盛宴》中目睹食物最美味的质变，从《巧克力情人》里体验美食与爱情的最短快捷方式。从《厨师、大盗、他的太太和她的情人》的厨房，看到血腥暴力威胁下的食欲与性感官，如何变得更敏锐而激情，甚至加进了死亡的风味。从《饮食男女》中则看到了厨房与家庭权力的关系，掌握了锅碗火候，掌握了全家人的口味和用餐时间，也掌握这一家人的全部，想消极抵抗就只好用情欲出走、离家的方式离开原生家庭，才能拥有自己的厨房、口味及生活作息。

关于食物的种种联想，让我们透过电影画面和一些文学的片段，品尝一下各种料理的风味吧。

食物VS.燃料

“这两个罪犯分开来，就不可能犯下这么重大的罪，但他们连手起来，却成了另一个人——有能力这样杀人的人。”《感官之旅》作者黛安·艾克曼指出，这样的现象，在化学家的眼里称为自燃（hypergolic）：两种物质混在一起，就能成为完全不同的产物（如食盐），甚至具爆炸性（硝化甘油）。电影《巧克力情人》里视食物为身体情感的燃料，可以勾动远距的情人，可以欲火焚身，点燃之后，哀伤尽释。从一幕女主角的妹妹乔楚吃了玫瑰情欲蛋糕后，在澡盆里热得冒烟，还因温度过高烧了起来，香味传到数里之外，诱惑革命领袖策马入林，把裸奔的乔楚接走……可见食物作为身体情欲燃料的火力十足。

“我们每个人体内都有制造磷的物质、一盒出生就有的火柴，但我们自己不能把它们点燃，就像在实验室里，我们需要氧和蜡烛来帮忙是一样的。氧气就来自你所爱的人的呼吸，蜡烛可以是任何音乐、爱抚、言语或是声音……每个人为了活下去，都必须找到点燃自己心头之火的力量，那烈焰就是灵魂的食粮，如果一个人没能及时找到点燃心头之火的力量，那盒火柴就会受潮发霉，那时就连一根火柴也划不着了。”《巧克力情人》的女主角蒂塔在爱人死去时，开始吃下一根根的火柴，每吃一次，镜头里就点燃一次回忆，直到把整个农庄烧了，只留下蒂塔的食谱，每道菜都是火葬这段爱情的引信。

干柴烈火，一触即发。过燥过热过于盛情的食物，可以助燃爱情，但也有可能欲火上身，玉石俱焚。

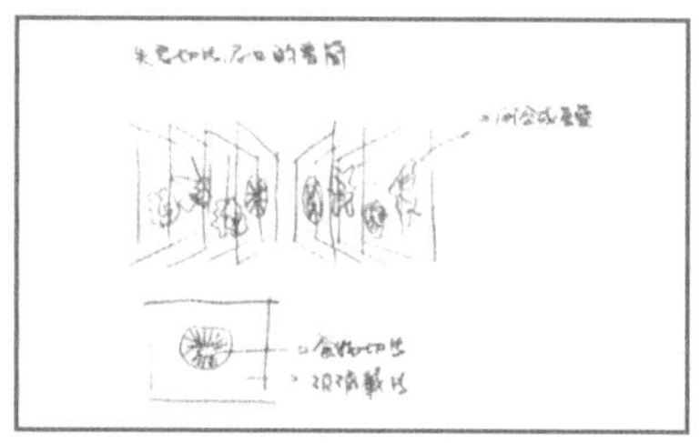

食物与传染

“世界上没有比气味更容易记忆的事物，一阵突如其来的香气，瞬息之间，稍纵即逝，却唤起了童年夏日，勾起了佛罗里达的月光、海滩上热情的时光……全家团聚在一起，丰盛的晚餐……气味就像威力强大的地雷般，隐藏在岁月和经验之下，在我们的记忆中安静地爆炸，只要触及气味的引线，回忆就同时爆炸……”（黛安·艾克曼《感官之旅》）

味道引爆记忆，集体用餐是一种情绪的传染。长桌式的用餐空间，马拉松式的传菜，透过 Pan 的镜头联结所有用餐者的人际关系。《巧克力情人》中传菜的画面暗示着情绪的传染，从主厨蒂塔到共桌用餐者到情人培罗，含泪做出来的婚宴蛋糕，让每个人低头吃着吃着，想到自己思念一生却得不到的爱人，就一一崩溃了。主厨哀怨的情绪透过他人的肠胃表情，呕吐出食后盛溢的哀伤——食物是一种传染体，主厨若带情烹煮，就会具有带菌传染的效果，让只想温饱的无辜人动了特别的情绪，连锁反应也影响了用餐气氛。

“好像是一种神奇的炼丹术，使得蒂塔整个身体都溶进了玫瑰花汁里，溶进了鲜嫩的鹌鹑肉里，溶进了美酒和菜肴的舌味中，这就是她进入培罗身体的方式——这顿饭使他们发现了一种全新的交流方式，蒂塔是传送者，培罗是

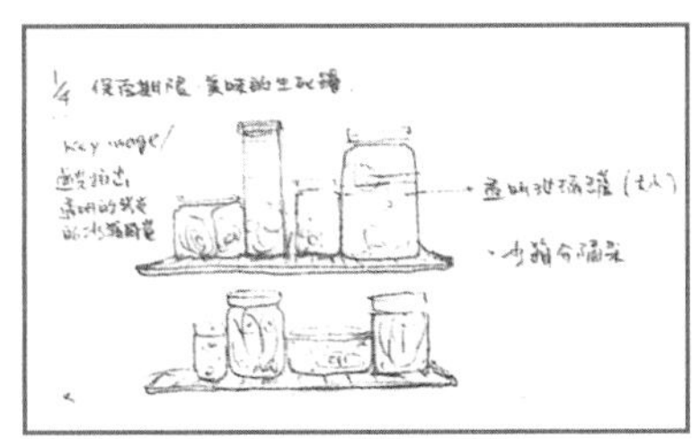

接收者，而吃到烧了起来的乔楚是媒介，是传递奇异的性信息导体……”（《巧克力情人》，映射文化出版）

食物可以传染爱、情绪与满足，“巧”片中镜头则左右移动地传达了所有受到感染的人的情绪，让抽象的爱情传染，有了具象而传神的生理反应。

食物VS.性爱

“我们总认为做爱，即是两个身体短暂的交合，该是人类行为中最亲密的肉体关系，从某种角度来看，为他人烹调，这种关系更是密切，因此有时会狐疑我们怎么那么放心吃陌生人的东西？试想，赤裸的双手和手指在甘蓝菜、红萝卜和生肉间摩擦，不知不觉掌心的微汗已渗入食物，身体中的盐分和其他废物也一起搅和进去了，食物接着从食道流到胃部、十二指肠、小肠，之后是结肠，在你骄傲地端出作为甜点的水煮梨时，小羊排、菠菜、血橙色拉、黑麦面包已经跟着你和以你身体为生的微生物，一路深入客人的身体深处，共筑一个新家……”（Judith Moore《派的秘密》）

《感官之旅》作者黛安·艾克曼指出，唇舌功能不止于进食，还能性交。这使得食物的阴阳性格，在入口之时，发挥了微妙的作用，它可以使简单的口

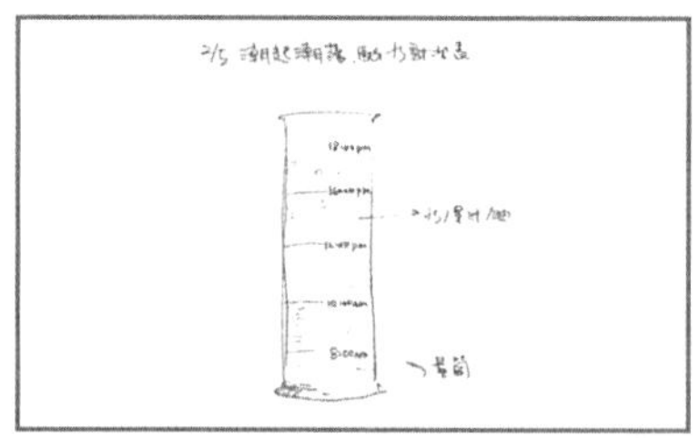

腔咀嚼延伸为心理深层的复杂运动。（卢非易《饮食男》）

“我爱你”中间的“爱”，一个动词讲遍千年以来的爱情故事。翻开食谱，人对待食物却有上百种鲜活的态度：剁、切、刨、煎、煮、炒、炸、烩、闷、烤、焗、蒸、熬、烫、腌、烘、炖……如果把这些动词拿来料理爱情，砧板上兴奋的不只是舌头。料理食物一如料理爱情，一样要保鲜，刀功要细腻，相处讲究火候……而食材本身更是暗示性十足。例如《感官之旅》黛安·艾克曼提过：“任何食物都可以看做有催淫功效，具有阴茎外形的如红萝卜、韭菜、黄瓜、腌黄瓜、海参、鳗鱼、香蕉，以及芦笋常被当作春药，就如牡蛎和无花果也被视为有相同效果，因为这些东西具有女性阴部的形象，鱼子酱像女性的卵，犀牛角、土狼眼、河马鼻、鳄鱼尾、骆驼峰、天鹅生殖器、鸽脑、鹅舌也都被视为具壮阳功效……食物乃由植物或动物的性行为而产生，而我们也觉得这样很性感，我们吃苹果或桃子时，吃的是水果的胎盘……嘴唇、舌头与生殖器内全都有相同的神经感受器，称作克劳泽式终球（Krause’s end bulb），使这些器官超级敏感，而产生相同的反应。”

村上龙《料理小说集》中也提道：“把粉红色的鲜肉放入口中，有一种非常残酷的感觉，好像是婴儿用鲜红的舌头舐过我口中的黏膜，肉汁刺激着我的喉咙，让我忍不住颤抖起来……我用舌头舔过沾满油脂的双唇，点了点头……我们

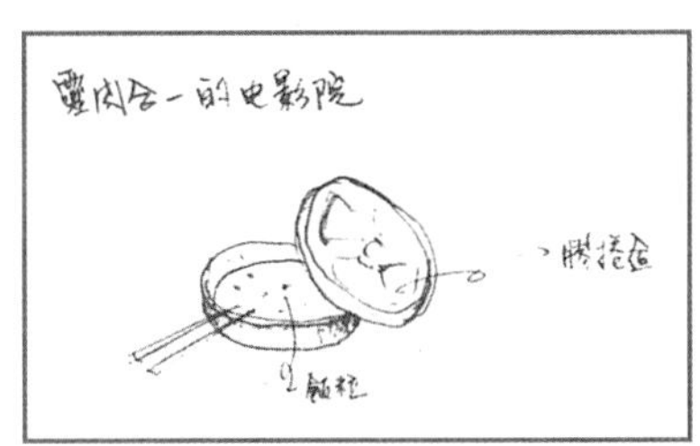

请服务生替我们订了房间……她的臀部非常柔软，太像刚吃的牛排了……”

彼德·梅尔更是在《茴香酒店》中以一句话传递了食物异性的关系：“这个女人的厨艺，足以令男人发出愉悦的呻吟……”

食物与性的联结，在情欲电影中比比皆是，最具代表性的是日本导演大岛渚的《感官世界》：男主角神情满足地把阴滋过女主角体液的鸡蛋吃下去，还有《爱你九周半》那一幕用食物调情并挑逗身体情欲的经典画面……当然直接就把食物与性爱情欲写在片名的彼德·格林那威的作品《厨师、大盗、他的太太和她的情人》，男女主角偷情的场景，除了刚开始的洗手间外，接下来都是在厨房。做爱与切菜的画面交错，未料理的食物和正在料理的情欲镜头互相碰撞、呼应与影射，厨师则是边做菜边保护（偷窥）着，在下一道菜还没上桌前忙着偷欢的他们。

食色果然不分家。最后一幕女主角恳求大师将她死去的情夫麦可煮成大餐，并持枪逼她的大盗先生艾伯当众吃下她情夫的睾丸。食用尸体大餐反倒成了一种杀死食欲的复仇行动，让艾伯反胃却必须下咽的惩罚，以报复他用书本噎死麦可的暴行。有趣的是，当餐厅的人抬出麦可的人肉大餐时，配乐及行径的气氛宛如葬礼般沉重，让这部片子除了食欲性欲外，还加上死亡的美学

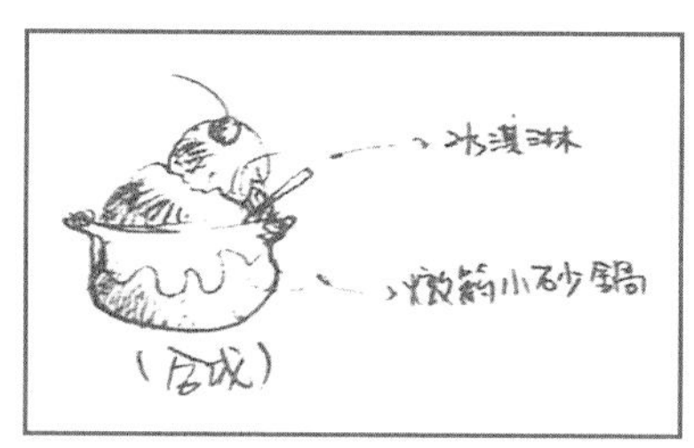

仪式。难怪片中的大厨说，所有的菜就属黑色最贵，例如鱼子酱、黑菌、橄榄、黑粟栗……因为它们最接近死亡。

食物 VS. 罪恶

上龙在《罪恶的料理》中提道："这里的晚餐是一种罪恶，令人无法忍受的美味……吃了这里的料理，我终于能体会，为什么人们常说禁忌里所隐藏的是无比的快乐。"

作家 Judith Moore 在《外遇的滋味》中，还引用了箴言的话："淫妇的道也是这样，她吃了，把嘴擦一擦就说，'我没有行恶'。"

生鲜待宰的龟太象征，红酒如血也很腥膻，法式美食对于丹麦一向酷寒、粗食淡饭不知味的教徒可言，就是诱惑犯罪的撒旦，餐厅就是恶魔宴会的场所。舌头可以赞美，可以祈祷，也可以散发毒素，所以在《芭比的盛宴》中，村人对于即将品尝到的法式大餐充满了防卫之心，不仅不断祷告让自己的灵魂不因美食而丧失心智，而且约定彼此在用餐时均不得提到关于饮食的事。当芭比从港边运货到厨房，开始料理食物的过程就像是艺术创作般地，特写她在清理鹌鹑、压馅饼、试酒、调色、调味，一个人掌握十二个人所有的进餐

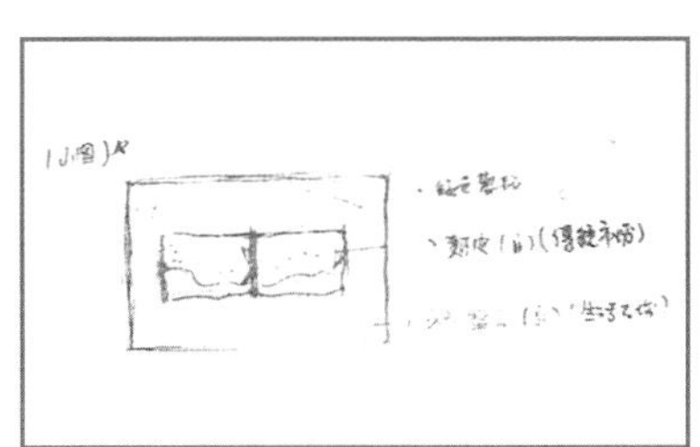

程序、时间、配酒及甜点，让原本彼此有芥蒂有纷争的村民，开始将品味美食的感动，转成和平与谅解的气氛。正如其中一位用餐者的赞美：“她把吃饭弄得很像恋爱一样，那样一种热情的关系，让人分不清灵肉间的欲望，全巴黎没有像她这样令人动心的女人了。”

在《芭》片中，用餐前后村人们都在唱着圣歌。美食从餐前诱惑的恶魔，变成隐形的和平天使，村人们虽不能将美味说出口，却都微笑着表示好吃，食物可以改变用餐的气氛，也能改变心境，改变善恶，全看这一顿饭，吃的人爽不爽快而已。

厨房 VS. 权力

“英语里的主厨（chef），在大字典理解为‘煮夫’（male cook），chef 源自于法文的 chief，有厨房领袖之意。”（摘自卢非易《饮食男女》）

即使在君子远庖厨的中国，大饭店的主厨仍多是为男性所为，在日本也是，热门的日剧《梦幻料理人》《将太的寿司》，都是视厨房、料理台为兵家必争的舞台。电影《饮食男女》说的正是这种厨房权力：镜头从郎雄在厨房抓活鱼、清洗、沾粉、油炸、切腊肉、划鱿鱼的特写开始，切、炒、煮、炸都有

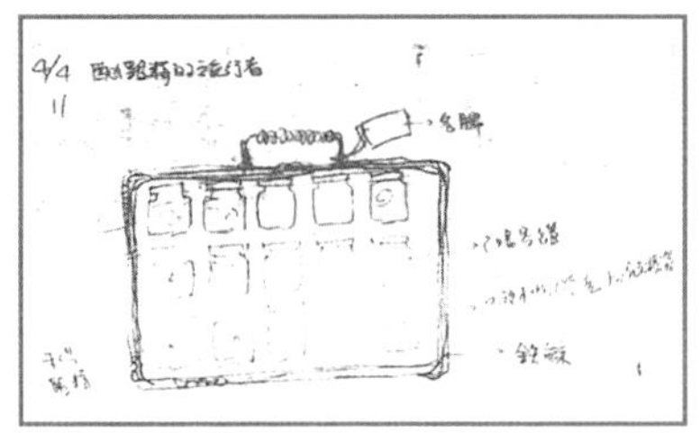

着决断而明快的节奏，下手全凭感觉，完全不靠舌头尝味。在家做菜像他在圆山饭店办桌一样，过剩的大鱼大肉像过剩的父爱，总是加上保鲜膜冰存，食之无味弃之可惜。二女儿事业有成，却抱怨父亲当初把她赶出厨房，要不然她也会是一个杰出的女主厨。于是二女儿只能在男友家的厨房里才能大显身手，小女儿则在麦当劳炸薯条卖餐点……看似丰盛热腾的晚餐，却有着冷漠的父女关系。

厨房，是郎雄有着最矛盾心结的地方：是主宰全圆山饭店菜色的权力中心，是主宰达官政要口味的权力中心，是主宰自家人口味、用餐时间、用餐气氛、用餐话题的权力来源，但也是他权力势微的废墟。郎雄说：“人心粗了，吃再精也没意义。”见自己的味觉在厨房中渐死，自己的好友在厨房中去世，自己的权力在女儿们一一出走的餐厅中消失，他只能寄情于替一个邻家小女孩做便当的乐趣。

除了几个大餐馆男主厨的例外，其实厨房在一般家庭中仍为女性所主掌。法国女作家莒哈丝喜欢自创食谱，大谈烹煮之道，甚至在她 1984 年的小说《情人》里，女主角几乎是以出卖肉体来换取一顿丰盛馔宴。莒哈丝自己也曾说过，待在厨房的那个人就是作家。厨房对于她而言是生活也是写作的空间，更是属于她不可侵犯的领域。（摘自吴锡德，1999.6.8【人间副刊】）

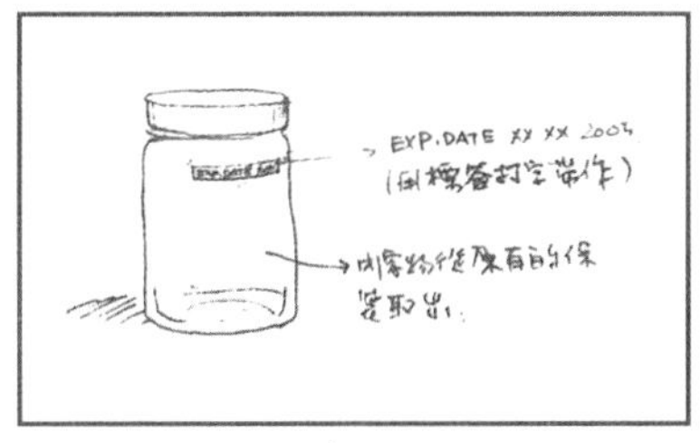

维吉尼亚·吴尔芙说，女人应该有一个自己的房间。在父权宰制客厅、遥控器、卧房的一切，厨房则是女人仅剩的创作空间。另外一个众所皆知的例子：电影《麦迪逊之桥》的女主角大部分时间都待在厨房，连外遇谈情也都在厨房——厨房是良家妇女与出轨情妇一人双面的转换空间，这也是她觉得比较安全自在的地方。

厨房是大厨的天地、女人自由创作的空间、菲佣劳动之处，权力最高或最低的人都可能待在厨房；厨房的家庭权力学，是每个人在茶余饭饱后，可以仔细去咀嚼的议题。

点菜 VS. 权力

一道盛宴中，下厨的比食客有权力（如：“巧”片、“芭”片、“饮”片）。食客之中，点菜的又比随意的有权力。电影《厨师、大盗、他的太太和她的情人》中，大盗决定全桌人的菜单，自定义美食家法则，规定食客不得看书，并在饮食之中大说粗话、大动干戈，甚至破坏厨房。

不论是地位高、是美食家，或是支配欲旺盛的人，一个人用自己的喜好就可以决定全桌的品位、专制而有效率的点菜，当然有权力，这种人通常是一家

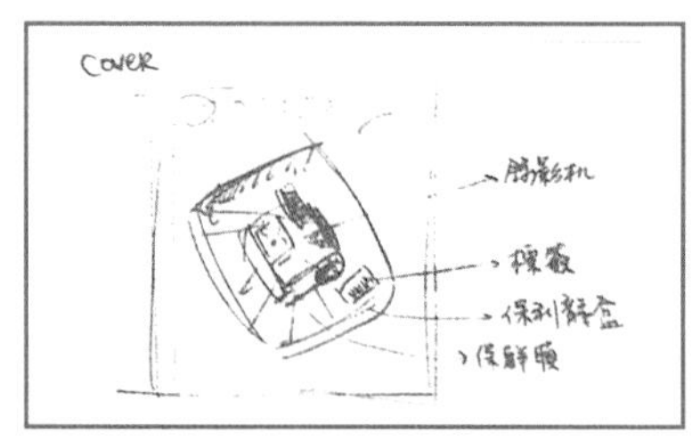

之主、公司的老板、当天生日的人，或是正在被取悦的女友。难怪莒哈丝的情人抱怨，他们一起上馆子，从没问过他想吃什么。

说到餐桌上的权力，绝对不能错过导演 Bernard Rapp 的《当男人看上男人（*A matter of Taste*）》——这部从点菜到控制对方味蕾的美食独裁电影。一个有洁癖的男富商戴先生，在餐厅遇见有魅力的年轻男厨尼可，戴先生一眼被他所吸引，于是高薪挖角，聘尼可为他的专属私人品尝师（尼可还必须接受事前的心理测验、身体检查、戒烟、不能乱吃城里的东西、不能坐地铁……以维持“净”身状态），也就是说，戴先生点完菜后，尼可必须先行排除戴先生害怕的鱼和起司、品尝味道、描述味道，然后才让戴先生正式享用，让人联想到中国古时候皇帝用膳前请人试毒的场景。

戴先生为了让尼可与他有共同精致的味觉和嗅觉，不惜规定尼可断食，并在解禁后的海鲜大餐中加进催吐剂，让尼可与他一起对鱼和起司反胃，对牛肚迷恋。戴先生说：“我希望几个月后，我们一起吃羊肩肉时，不必我开口，就能看见你脸上同样的笑容。”除了食物，尼可还得帮他感觉跳伞、体会在沙漠中孤绝的滋味，甚至戴先生断了腿，尼可也只好自残以共同体验残障。

想确定自己什么时候才算出人头地？当你有权力点菜，并让全桌人沆瀣一气，唯你马首是瞻的时候！

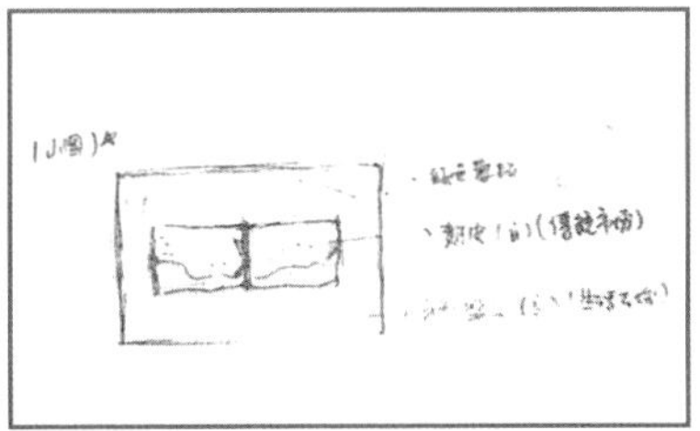

食物 VS. 仪式

法国政治家及美食家 Brillat Savarin 说："各种社交意义都可在同一张餐桌旁发生：爱、友谊、商务、投机、权力、请求、庇护、野心、阴谋……"（《感官之旅》）

udith Moore 在《外遇的滋味》中也提道："食谱对于我来说，开始有着仪式的暗示，就像 John Peale Biehop 的诗，'必然得经由仪式，高大的奥赛罗与他的妻子戴丝狄梦娜才能结合'。"

做菜的步骤像一连串生食熟食火候化合的仪式，上菜的节奏更是盛宴借着时间展示的排场，越优雅，时间越多，费用就特别贵。用餐也是。越高层礼数越多，从刀叉用法到用餐姿态都要循规不逾矩。像在《芭》片中，不懂进餐礼仪的村民，只好一举一动都跟着权高位重的将军，让自己不致出错。

黛安．艾克曼在《感官之旅》提道，情感、象征，或是宗教上有分量的大事，常靠食物来结合。每一种文化都用食物作为同意或纪念的信号，有些食物有象征涵义，当作宗教仪式的部分而食用，若有人忘记食谱或把制作程序先后搞错，就会发生不幸。

吃饭是恋爱的催化剂，是有目的性的社交，是有疗效的聚众仪式，没有了仪式，吃饭只是温饱而已。温习完关于饮食的电影与文学片段，就去和情人好好吃顿大餐吧！

参考书目：

中文书：《饮食男》，卢非易著，联合文学出版

翻译书：

1.《感官之旅》，黛安·艾克曼著，时报出版

2.《有关品味》，彼德·梅尔著，宏观文化出版

3.《村上龙料理小说集》，村上龙著，草石堂出版

4.《巧克力情人》，LAURE ESQUIVEL著，映射文化出版

5.《茴香酒店》，彼德·梅尔著，皇冠出版

6.《外遇的滋味》，Judith Moore著，胡桃木出版

7.《派的秘密》，Judith Moore著，胡桃木出版

8.《饮食心理学》，A.W.Logue著，五南图书

9.《春膳》，伊莎贝拉·阿言德著，时报出版

报纸报导：

《莒哈丝下厨记》，吴锡德著，中时人间副刊1999.6.8

影片资料提供：《当男人看上男人》，惠聚多媒体 。

图书在版编目（CIP）数据

食物恋 / 李欣频著. -- 济南 ：山东人民出版社，2016.2

ISBN 978-7-209-09298-2

Ⅰ. ①食… Ⅱ. ①李… Ⅲ. 饮食－文化－中国－通俗读物 Ⅳ. ①TS971-49

中国版本图书馆CIP数据核字(2015)第268998号

山东省版权局著作权合同登记号　图字：15-2013-255

食物恋

李欣频　著

主管部门　山东出版传媒股份有限公司
出版发行　山东人民出版社
社　　址　济南市胜利大街39号
邮　　编　250001
电　　话　总编室（0531）82098914
　　　　　市场部（0531）82098027
网　　址　http://www.sd-book.com.cn
印　　装　北京图文天地制版印刷有限公司
经　　销　新华书店

规　　格　16开（160mm×200mm）
印　　张　10.5
字　　数　150千字
版　　次　2016年2月第1版
印　　次　2016年2月第1次
ISBN 978-7-209-09298-2
定　　价　32.00元